見つけて 食べて 愉しむ

身近な
野草&キノコ
180種

著/写真
森 昭彦・水上 淳平

料理監修
西杉山 裕樹
（シェフ・猟師）

JN188278

秀和システム

●野草編 / 著・写真・イラスト

森 昭彦（もり あきひこ）

1969年生まれ。サイエンス・ジャーナリスト。ガーデナー。自然写真家。おもに関東圏を活動拠点に、植物と動物のユニークな相関性について実地調査・研究・執筆を手がける。著書は、『帰化＆外来植物 見分け方マニュアル950種』（弊社）をはじめ、『身近な雑草のふしぎ』『身近な野の花のふしぎ』『うまい雑草、ヤバイ野草』『身近にある毒植物たち』（SBクリエイティブ）など多数。

●キノコ編 / 監修・写真

水上 淳平（みずかみ じゅんぺい）

1991年生まれ。天然キノコ採取、キノコ狩りガイド、猟師として野山を駆け回るフィールドワーカー。森の美しさに惹かれ、岐阜県立森林文化アカデミーで森林資源の活用について学んだのち、産まれ故郷の郡上市を拠点に活動。木工房「Tabi Factory」も主宰。

●料理編 / 監修

西杉山 裕樹（にしすぎやま ひろき）

ジビエ料理店Gu-ni（グーニ）のオーナーシェフ。猟師でもありみずから獲ったジビエや天然食材を提供する「ハンターシェフ」。岐阜県郡上市高鷲町に店舗をかまえる。

制作協力

●取材コーディネーター

「かもす暮らし研究所」主宰 / 松原 章子（まつばら しょうこ）

はじめに

　本書は既刊『季節の薬用植物150』の姉妹本になる。やはり身近で「見つけて、食べて、愉しむ」をコンセプトに、編集担当の発案で「キノコ」とあわせてご案内しようともくろんだ。

　身近な道ばたで暮らす植物たちは、それぞれ大きな違いがあり、ときにはまるで一緒に見える。ちょっと調べてみると、大きな違いは「同じ種族の成長差や気まぐれ」であったり、同じように見えたものが「まるで違う猛毒種」であったりする。公園や雑木林で特異な姿を披露するキノコたちも、やはり同じようにちょっと「悩ましい」。

　調べる過程でまず驚かされるのは、これまで利用してきた植物やキノコが「非常に多い」ことである。各地を旅したり、国内外の資料を紐解けば、古来、人間は身近で見つかるあらゆる種族を、あの手この手でなんでも暮らしに活用してきた。そして見た目はそっくりなものでも、利用法がまるで違ったりする。どうやって「それを知ったのか」、それ自体が深く魅力的なナゾであるほどに。

　ほんの少し前まで、人の暮らしは身近で手に入るものを中心に回っていた。「なにが食べられ、どれが危険か」という問いは、生命誕生以来、連綿と続いてきたもので、これを口伝や文字として後世に伝えるようになってから数千年が経つ。

　この長い年月の知識は、書庫の奥底で深い眠りに就き、もはや私たちの日常からすっかり掻き消えてしまったかに思える。そればかりか、古い知識は「もはや役に立たぬ」と思われがちである。ところが世界最先端の医学・薬学論文で、口伝や古代の叡智を扱う研究がとても多いのは大変興味深いことである。なかには先端科学と"経験や伝承"が同じ結末にたどりついたり、あるいは伝承のほうがいっそう合理的であることがしばしば再発見される。

　もちろん新しい知識（安全性、毒性、識別法など）が次々と積み上げられ、これまでの"常識"がひと息に吹き飛ばされることもあるが、新・旧の両輪をうまく回すことで、さらに豊かな"世界"が目の前に映しだされるようになるだろう。

　本書では、こうした古今東西の知見を散りばめ、みなさんの「道ばた世界のエントランス」としてありたいと微力を尽くした。

　「キノコ編」の監修・写真提供を快諾してくださった水上淳平氏には、多大なご教示とご厚意を賜った。「料理編」では、猟師でありジビエ料理店オーナーの西杉山裕樹氏がすばらしいレシピを惜しみなく提供してくださった。また取材全体を通じてコーディネートしてくださった松原章子氏に深く感謝を。上梓に至る道を明るく照らしてくださった益田賢治氏（担当）に心底より感謝を。

　本書をお手に取ってくださったみなみなさまが、浮世の些事からまんまと逃げおおせて、心豊かな愉しみにひたれる日々を心より願って。

2025年2月末日　森 昭彦

contents

見つけて食べて愉しむ 身近な野草&キノコ180種

はじめに 3

Prologue 10

本書の見方 12

spring
春の野草

13

ユキノシタ 14

シオデ 16

ナンテンハギ 18

ユキザサ 19

ツリガネニンジン 20

ワレモコウ 21

セイヨウタンポポ群 22

オオバコ 24

オオバギボウシ 26

フキ 28

セリ 30

ミツバ 32

ドクダミ 34

ヤブカラシ 35

ノカンゾウ 36

ヨモギ 38

ノビル 40

アサツキ 42

ミツカドネギ 43

ニラ 44

ナズナ …… 46

スカシタゴボウ …… 48

タネツケバナ …… 50

オランダガラシ（クレソン）…… 52

ワサビ …… 53

ハマダイコン …… 54

アブラナ …… 56

ノゲシ …… 58

アマドコロ …… 60

ヒメオドリコソウ …… 62

カキドオシ …… 64

ツボクサ …… 65

ヤハズエンドウ …… 66

ナヨクサフジ …… 68

ゲンゲ（レンゲ）…… 70

タチツボスミレ …… 72

イタドリ …… 74

スイバ …… 75

ギシギシ …… 76

スギナ（つくし）…… 78

コオニタビラコ …… 80

カタバミ …… 82

モミジガサ …… 84

summer
夏の野草

ツユクサ ………………………… 86

クズ ……………………………… 88

スベリヒユ ……………………… 89

ツルマンネングサ ……………… 90

イラクサ ………………………… 92

ガガイモ ………………………… 94

アキノノゲシ …………………… 95

ゲンノショウコ ………………… 96

アカザ …………………………… 98

ノアザミ ………………………… 100

アオミズ ………………………… 102

コセンダングサ ………………… 104

カラムシ ………………………… 106

ジャノヒゲ ……………………… 108

ヒルガオ ………………………… 110

ミチヤナギ ……………………… 112

チドメグサ ……………………… 114

メマツヨイグサ ………………… 116

ハッカ …………………………… 118

ムラサキウマゴヤシ（アルファルファ）

………………………………… 120

autumn & winter
秋冬の野草

アケビ ………………………………… 122

ツルマメ ………………………………… 124

ヤブマメ ………………………………… 125

ヤブツルアズキ ………………………… 126

カナムグラ ……………………………… 127

ヤナギタデ ……………………………… 128

エビヅル ………………………………… 130

ガーデン・ハックルベリー ………… 132

ヤマノイモ ……………………………… 134

ヨメナ …………………………………… 136

ベニバナボロギク ……………………… 138

ヒナタイノコヅチ ……………………… 140

キクイモ ………………………………… 141

アカネ …………………………………… 142

kinoko
キノコ

143

Prologue 144

アカヤマドリ 146

ヤマドリタケモドキ 148

ムラサキヤマドリタケ 150

チチタケ 151

アイタケ 152

タマゴタケ 154

ハナビラタケ 156

ハナイグチ 157

ナラタケ 158

シャカシメジ 160

マイタケ 161

ナメコ 162

スギエダタケ 163

オオイチョウタケ 164

アミタケ 165

ムラサキアブラシメジモドキ 166

ブナハリタケ 167

トキイロラッパタケ 168

ヌメリスギタケモドキ 170

クロカワ 171

サクラシメジ 172

クリフウセンタケ

（ニセアブラシメジ） 173

ウスムラサキホウキタケの仲間 ... 174

ハツタケ 175

recipe
愉しみ方

山菜・野草の愉しみ方..................... 176

天然キノコの愉しみ方..................... 178

芳醇贅沢キノコうどん..................... 180

豪華マイタケ山野のピッツァ....... 180

絶品！アカヤマドリのTKG............. 181

はなびらのポン酢づけ..................... 181

桜シメジの爽やか塩スープ 182

豪華キノコのホイル焼き 182

ご飯がすすむキノコソテー 183

ぬるぬる冷やしぶっかけ 183

至高の香味キノコチャーハン....... 184

山の猟師風ジビエ焼きそば 185

キノコと野草の涼風前菜 186

キノコのふんわり香味豆腐 186

里山キノコサラダ田園風 187

大人の肴・甘酢づけ 187

索引 188

参考文献................................. 191

"ウマいもの順"という冒険

みなさんの身近には、日本人が長く活用してきた植物やキノコが「とてつもなく多い」。

身近な自然世界に興味をもったとき、まっ先に直面するのが、「さて、どれから覚えたらよいものか……」という困惑である。

「とにかく無難においしいもの」で、「身近に多く」「しかも見分けやすい」ものから案内してほしいと願う人はいないだろうか。

季節ごとに「探して試食するなら、まずはコレからいかがでしょう」という並びになっていれば、"獲物"に悩むこともなく、野遊びにのんびりと興じられる。

本書は「いっぺんに覚えられない」、「ピンポイントで愉しみたい」、「ゆっくり、少しずつ愉しみを増やしたい」という方に、やや冒険的な構成をとる。ウマいもの順である。

いつもの食材と身近な野草。おいしくて愉しい／岐阜県八百津町

現代は遊び甲斐が盛りだくさん

イベントや撮影などで各地を歩いてきたが、どこに行ってもおいしい山菜や野草がたくさん採れる。地元の方々に聞けば、野の恵みを収穫する習慣が「ほぼなくなった」という。タラノメ、コシアブラ、ゼンマイ、フキなどは採っても、ほかの多くの山菜・野草類は手つかずのまま。地元の人も「おいしい」ことを知らぬ人が大半であるという時代になった。

競争相手が少ない現代は、ゆったりと野遊びを愉しむのにうってつけ。旅行や散歩の合間に、少しずつ草むらに眼を慣らしてゆくだけで感覚が勝手に慣れ、違いが見えてくる。

まんまとソレをつかめたら、季節ごとの愉しみは盛りだくさん。身近な自然の恵みをひとしきり満喫してみたい。

高級なキャビアとベーコンにタネツケバナ (P.50) とカキドオシ (P.64) のマリアージュ／岐阜県郡上八幡 フランス料理RAVI

植物の“愉しい”みどころ

極東の島国ニッポンは、自然世界の構成がとてもユニークで複雑である。たかが道ばたでも、顔をだす植物の種数は莫大となり（少なくとも400〜500種超）、研究者でも頭を抱える難問奇問も「たくさん」ある。

幸い、根気づよく、好奇心旺盛な先輩たちが“見る眼”を私たちに創ってくださった。それらをイラストや写真を活用してピンポイントの“眼”をご用意してみた。あくまで「愉しみのための“手がかり”」で、おもしろいと感じた方はさらなるステップアップ（専門図鑑）を。よりくわしく知りたい方は巻末の参考文献などをいくつかひも解いてみてもよいだろう。

植物の見分け方は、たいがいひどく面倒に思えて手をだしにくい。図鑑の表現が苦手な方は、地元のガイド・イベントに参加するのも一手である。すばらしいガイドさんは難解な種族でも驚くほど“愉しく”解説してくれる。

“ホンモノ”を見分ける

世の中では、次のような話をよく聴く。

「おいしいから安全」

「食べやすいから身体にも無害」

「生薬として使われるから食べても安心」

これらはすべて「明らかな誤り」である。救急救命で中毒を扱う論文（海外を含む）では、上記の理由で救命処置を受ける人がとても多い。生薬も製造工程で調製するから安全性が高まるわけで、食用にすると具合が悪くなるものがある（各項目で概説）。

「しっかり加熱すれば大丈夫」という話も多い。けれども重症・死亡事例のほとんどが加熱調理をしているのだ。

「種族は違うが、同じ仲間だからたぶんOK」

これも多いが、種族が違えば含有成分も「まるで別物」なことも多く（たとえばミント類P.119）、「見分け」が大変重要になる。

まずはその“雰囲気”を各項にてご案内していきたい。

野草摘みのあとでジビエ、フレンチ、日本食、韓国宮廷料理の本格シェフらが指導する料理教室がセットになるイベントも／岐阜県郡上市高鷲町

ミントの仲間（P.119）には有毒な成分を産出する種族がいる。しっかり選び、正しく使いたい

本書の見方

キク科タンポポ属

セイヨウタンポポ群

Taraxacum officinale agg.

性質	多年生
分布	ヨーロッパ原産（全国）
開花期	2〜6月（秋〜冬も開花）
収穫	葉……ほぼ通年 花……4〜5月ほか 根茎……ほぼ通年
食用	葉：天ぷら、炒め物 花：エディブルフラワーとして 根茎：キンピラ、ハーブティーなど

植物の「性質」と利用例

タマチョレイ目ハナビラタケ科

ハナビラタケ

Sparassis latifolia

発生環境	アカマツ林などの針葉樹林 マツ類の根元、切り株、倒木
収穫	初夏〜初秋
利用方法	鍋物、椀物、炒め物、和え物、 パスタの具、炊き込みご飯など
性質など	木材腐朽菌

キノコの「性質」と利用例

【野草の「性質」】

- 1年生：発芽から1年以内で生涯を終えるタイプ。
- 越年生：秋や冬に発芽し、翌年に開花・結実して生涯を終えるタイプ。2年生ともいう。
- 多年生：地上部もしくは地下部（あるいは全部）が残り、何年にもわたって生き続けるタイプ。数年で枯れることが多いものは「短命な多年草」と解説される。
- 1〜越年生：春に発芽したものは、その年で生涯を終えるが、同じ種族でも秋に発芽するものがあり、越冬してから開花・結実・枯死するタイプ。
- 1〜多年生：環境によって性質が変わるタイプ。温暖な地域では長寿になるが、寒冷地では冬に枯死するタイプが多い。

色表示について

食べられる種族

ニラ
Allium tuberosum

注意が必要な種族

ハタケニラ
Nothoscordum gracile

有毒種など

ハナニラ
Ipheion uniflorum

spring

春 の 野 草

まどろむような陽だまりで、
いよいよ始まる野辺の宴、
いつもの道ばたを彩る、
気品と香りと愛嬌と。

ユキノシタ科ユキノシタ属

ユキノシタ

Saxifraga stolonifera

性質 多年生

分布 本州〜九州

開花期 6〜7月

収穫 葉……通年

食用 天ぷら、お浸し、和え物、炒め物、椀物など

ユニークなデザインと奇妙な由来

このおいしさ、その見分けやすさ、そして"多彩な特典"があるユキノシタは、これから自然界へ旅立つ人にはうってつけ。和名を「雪の下」または「雪の舌」と書くが、由来には諸説ある。「雪の下」は冷たい雪に埋もれても青々と葉を広げる健気な様子から。「雪の舌」は白い花びらを舌のように垂れさげるからなど。

一方、学名の*Saxifraga*は"石 (saxum) +砕く (fragere)"で、確かに本種たちは硬い岩壁や渓流の岩場にがっしりと根をおろす。団地ならコンクリの壁の隙間か、陽が当たらぬ家の裏側という、住まいに関していえばかなり変わった趣味嗜好をおもちである。

さて、学名の由来をいま少し掘り下げると、"石"の意味がちょっと違うようなのだ。

悩みの壁すら打ち砕く

昔から続く人里や寺社仏閣では、その片隅にユキノシタ用の住環境がきちんと整えられている。葉の天ぷらは絶品で、和え物、炒め物にもよくあう。クセがないどころか、噛むほどに奥深いウマ味が泉がごとく湧いてくる。誰が食べてもおいしく思え、日本料理店でも愛用される一級の美食食材。

生薬としても、切り傷、火傷、湿疹のほか、冬ならあかぎれ、しもやけの応急処置や治療で大活躍してきた（葉を揉んで患部にあてがうだけでよい）。

西洋でも愛され方は同じようで、学名の"石を砕く"も人体に発生する"結石を砕く"という薬効に由来するらしい。食べておいしく、痛みや不快まで癒す名薬として、いまも人々に深く愛され、日々の暮らしに寄り添ってくれる。

ユキノシタ
Saxifraga stolonifera

本州〜九州に分布する多年生。開花は6〜7月。市街地なら公園の湿った壁沿い、木陰の水辺のほか、丘陵・山地では岩壁や渓流沿いに多い。丸っこいウチワ状の葉がよく目立ち、表面は「濃厚な緑色」で、「白い筋模様」をまるで雪渓を思わせるように美しく浮かべる。ここに暗い赤紫の斑紋を浮かべることも多い。花びらは白で「赤いスポット模様」を浮かべるのも大きな特徴。

ハルユキノシタ
Saxifraga nipponica

おもに関東〜近畿地方に自生する多年生。開花は4〜5月。山野に野生するが園芸種としても人気が高く全国で栽培される。ユキノシタとうりふたつであるが、葉の色は「明るい黄緑色」で、葉の縁の「ギザギザした鋸歯が深め」になり、表面に浮かぶ「白い筋模様」はあるものとないものが存在する。開花期の花びらの色にも違いがあり「黄色いスポット模様」を浮かべる。本種の葉もユキノシタと同じ活用ができる。

ダイモンジソウ
Saxifraga fortunei var. *alpina*

北海道〜九州に分布する多年生。開花は7〜10月。丘陵や山地の岩壁、渓流沿いに群れて住む。葉姿がハルユキノシタに似て明るい緑色をしているが、葉のふちの切れ込み方がまばらで粗いため区別がつく。山菜として"珍味"といわれ憧れる人も多いが、自生地の多くが保護区内であるほか、この葉にはシュウ酸カルシウムの針状結晶が多く含まれるため、繊細な人は唇や口腔内にチクチクした痛みや炎症を起こす恐れがある。初心者にはオススメしない。

サルトリイバラ科サルトリイバラ属

シオデ

Smilax riparia

性質 ツル性の多年生

分布 北海道〜九州

開花期 6〜7月

収穫 新芽……4〜5月

食用 お浸し、和え物、炒め物、天ぷら、椀物の具など

🌿 おいしい"穴場"ありマス

おいしさで有名な山菜が、身近な雑木林で採れるとしたら——。昔は競争相手が多かったようだが、いまだけは違う。

シオデは"牛尾菜"と書くが、新芽の姿がなるほど牛のしっぽを思わせなくもない。しかし牛尾菜は漢名（中国名）をそのまま引用したもので、どう知恵を絞ってもシオデとは読めぬ。シオデはアイヌ語のshwoteに由来するとされるが（『植物和名の語源探究』ほか）、その語の意味は不明である。

ほほえましい陽光が差す、春の雑木林の道ばたで、牛のしっぽみたいな新芽がにゅっと伸びだす。先端から10cmくらいまでがやわらかく、ここを収穫。近くに何本もあるし、ちょっと歩けばまた出現。散歩がてらの収穫はとても愉しく気持ちがよい。

🌿 識別困難。どちらも美味

快活な歯ざわり、濃厚な風味は"森のアスパラガス"と表現される。アクはなく、軽く塩茹でするだけで美味。マヨネーズをつけて、あるいは軽くバターソテーにしても最高。ベーコン炒めやグラタン、あるいはカナッペのトッピングで生ハムと一緒に。とにかく美味。同じ環境にはそっくりな子が住む（右図）。特にタチシオデとの見分けは初心者に非常な困難を強いる。けれどもシオデとタチシオデはどちらもおいしい"アスパラ風味"。なんとしても見分けるなら、まず「開花期」に花で区別する。このとき、葉の両面の色の違いまでチェックすると識別技術が向上する。

もう1つ、サルトリイバラも変化が多くて悩ましいが、右図の特徴で見分けてみたい。本種も食用にされるが特筆すべき味はない。

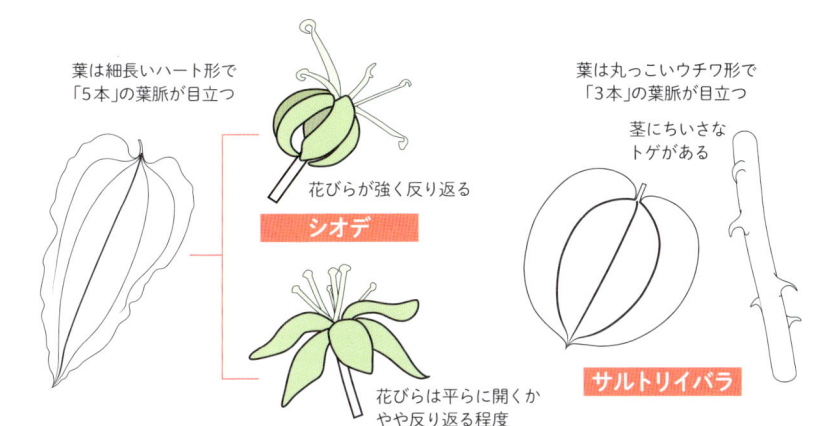

葉は細長いハート形で「5本」の葉脈が目立つ

花びらが強く反り返る

シオデ

花びらは平らに開くかやや反り返る程度

タチシオデ

葉は丸っこいウチワ形で「3本」の葉脈が目立つ

茎にちいさなトゲがある

サルトリイバラ

シオデ
Smilax riparia

北海道〜九州に分布するツル性の多年生。開花は6〜7月。雑木林のへりや道ばたに多い。茎はいくらか立ち上がったあと、すぐにしなだれ、地面を這いまわる。初夏の開花期の花びらは強く反り返るのでわかりやすい。葉の裏が「緑色」で「光沢がある」とされるが微妙なものも多い。

タチシオデ
Smilax nipponica

本州〜九州に分布するツル性の多年生。開花は4〜5月と早い。シオデと同じ環境に住み、茎はすっくと立ち上がり、その後に先端部がしなだれてくる。開花期の花びらは水平に開くかわずかに反り返る程度。葉の裏面は「やや白っぽく」なり「光沢はない」。本種の新芽も同じく美味。

サルトリイバラ
Smilax china var. china

北海道〜九州に分布するツル性低木。開花は3〜4月ともっとも早い。雑木林やヤブに多数。茎がジグザグになるほかちいさなトゲを生やす。葉はまるっこいウチワ状で、3本の葉脈がよく目立つ。開花期の花色も黄色〜クリーム色であるため花でも区別がつく。本種も食用可。西日本での利用が多い。

マメ科ソラマメ属

ナンテンハギ

Vicia unijuga

性質 多年生

分布 北海道〜九州

開花期 6〜12月

収穫 若葉……4〜6月
花……6〜12月

食用 葉：天ぷら、お浸し、炒め物、
擂りもの、椀物など
花：トッピングなど

🌿 極上の風味と甘さが魅力

　別名"あずき菜"でご存じの方も多いだろう。人気の山菜として広い地域で盛んに栽培・販売される。それが身近でたくさん収穫できるのだから見逃す手はない。

　葉の形が樹木のナンテンと似て、花が萩の花を思わせるのでナンテンハギ（南天萩）となった。雑木林のへり、小川のふち、道ばたのヤブから河原の土手など、散歩道のいたるところに出現する。

　春のやわらかな茎葉には、甘くて濃厚なマメの味が宿り、口当たりも心地よい。よく水洗いして天ぷらに、あるいは軽く塩茹でしてお浸し、味噌汁、炒め物で。シンプルなお浸し、和え物であると風味の良さが抜群に際立つ。

　初夏になると、途端に茎葉が硬くなる。指先で触れたとき、やわらかな部分から収穫すればまだ愉しめる。可憐な花もエディ

ブルフラワーに。

　先端がとがった葉は、2枚がワンセットになって茎につく。こうした植物は意外と少ないので覚えておくと大変便利。花は濃厚なグレープ色で花穂は長く伸びる。

　1つ見つければ、そのまわりにたくさんいることが多く、収穫もたやすい。

　マメもつけるが、これは食用にされない。

クサスギカズラ科マイヅルソウ属

ユキザサ

Maianthemum japonicum

性質	多年生
分布	北海道〜九州
開花期	5〜6月
収穫	新芽……4月 若葉……4〜5月
食用	天ぷら、お浸し、炒め物、椀物

心まで蕩かす春の佳品

本種の別名も"あずき菜"である。やはり栽培・販売される春の銘品で豊かな甘味が魅力。

ユキザサ（雪笹）という名は、茎の先端を飾る小花が淡い雪化粧のようで、その下につく葉がササを思わせることに由来する。

もっとも愛されるのは新芽。4〜5月、雑木林の地面から太い筆先のようなものを元気よく突きだしてくる。これを根元から収穫する──と申し上げながらも、収穫はまだオススメしない。よく似た有毒草があるからだ（P.61参照）。間違えると消化器系の中毒症状にひどく悩まされる。

ユキザサの美食にひたるなら、まずはわかりやすい開花期に見つけ、ユキザサの生息地を把握したい。丘陵や山地の林内で、たいてい冷涼な山間部に多産するが、たまに大都市周辺の丘陵でもコロニーが

見つかるようである。

特徴は、花穂がつく場所が「茎の先端部だけ」。この開花期なら区別は簡単で、やわらかな茎葉を摘んで愉しむ。ユキザサにも種類があるけれど、基本的なユキザサには「茎に寝そべった毛」があり、特に花穂の部分に目立って多い。春の新芽も「うぶ毛に覆われる」という特徴がある。

キキョウ科ツリガネニンジン属

ツリガネニンジン

Adenophora triphylla var. *japonica*

性質 多年生

分布 北海道〜九州

開花期 8〜10月

収穫 葉……4〜6月
　　　花……8〜10月

食用 葉：天ぷら、お浸し、和え物、
　　　　　炒め物、椀物など
　　　花：酢の物、トッピングなど

誰もが喜ぶ"絶妙な香味"

　根がニンジンのように太り、花の形が釣り鐘形なのでその名がある。とても愛らしく、装飾的な魅力にあふれたこの野草は、なんと平安時代初期からおいしい野草として愛されてきた。

　丘陵や山間部の草地や斜面によくいるが、実は大都市の河川の土手、公園の雑木林など、誰もが見慣れた場所でも見つかる。

　茎を切ると白い乳液をだし、クセのある香りが立つ。見分けるポイントにもなるが、実はこれこそがユニークな香味を際立たせてくれるのだ。

　春から梅雨にかけて、若い苗の、茎の上部を収穫し、しっかり洗ってから軽く塩茹でする。流水で身を引き締めたら、まずはお浸し、和え物で試してみたい。野菜にはない、ユニークな"深い味わい"に驚くだ

ろう。炒め物や天ぷらもおいしく、どうにも箸が止まらぬ。

　特徴は、ギザギザした葉を茎のまわりに輪を描くようにつけること。茎を取り巻く葉の枚数は4枚や6枚など安定せぬが、茎を切って香りがある白い乳液がでたら本種であろう。晩夏から秋の開花期はよく目立つので場所を覚えておく。毎年同じ場所から新芽をだしてくれる。

バラ科ワレモコウ属

ワレモコウ

Sanguisorba officinalis

性質 多年生

分布 北海道〜九州

開花期 7〜11月

収穫 葉……4〜6月
花……7〜11月

食用 葉：天ぷら、お浸し、炒め物、
サラダ、和え物、椀物など
花：トッピング用

🌿 "秋の七草"の旬は春

　名花として燦然たる輝きを放ち、"秋の七草"の1つとされる。この飛び抜けてユニークで愛嬌たっぷりな花は、それは鮮やかに記憶へと刻まれるためとても覚えやすい。

　和名の由来は定説がなく、混沌とする。身近な草地や斜面によくいるが、とりわけ水辺や湿った林縁などに多い。自分の装いにはよほどこだわりがあるのだろう、花ばかりか葉姿も風変わりで初心者にも見分けやすい。

　おいしいのは春の若葉。二枚貝みたいに葉が折りたたまれているものが最上。サラダ、和え物もよいが、薄くコロモをつけて天ぷらにすると、パリッとして歯ざわり爽快、香味も最高。やや大きく開いたものでも、手触りがやわらかで、その場で味見をして「スイカのような味」がしたらおいしく愉しむことができる。

　葉は綺麗な楕円形で、その縁は浅めにギザギザする。陽当たりのよい草地を好み、田んぼの小川や用水路の斜面でよく群れる。初夏でもやわらかな葉は食用になるが、味と食感を確かめてから収穫するとよい。晩夏に咲く花穂は指先でほぐれ、料理やデザートに散らすと大変美しい。

キク科タンポポ属

セイヨウタンポポ群

Taraxacum officinale agg.

性質 多年生

分布 ヨーロッパ原産(全国)

開花期 2〜6月(秋〜冬も開花)

収穫 葉……ほぼ通年
花……4〜5月ほか
根茎……ほぼ通年

食用 葉:天ぷら、炒め物
花:エディブルフラワーとして
根茎:キンピラ、ハーブティーなど

ポンポンどころかドンドコと

タンポポという変わった名前は、鼓を叩いた音——タン・ポンポンに由来するという説がある。子供たちが野遊びで花茎を切り、両端に切れ込みを入れて鼓のように細工する。いまも野辺の片隅にタンポンポンとはしゃぐ子供らの声が残っているやもしれぬ。

さて、セイヨウタンポポの故郷はヨーロッパだが、日本には明治初年にアメリカから有用な薬用植物としてもち込まれた。この生き物はすばらしい異能をもち、受粉をしなくても結実できる。その殖え方たるやポンポンどころかドンドコで、見る間に全国に広がり、その無節操ぶりが嫌われる。しかし有用性はいまも遜色なく、野遊びがてらの愉しみや、有事の際の代用食や応急処置にその秀でた才能を発揮する。

とても優秀な"食べられる生薬"

全草が強壮・健胃・解熱の民間薬として使われてきた歴史があり、食べられる薬草としての評価が高い。手触りがやわらかで、しっとりした葉を選んで摘めば、サラダ野菜として、あるいは炒め料理の具材として最適。年間を通じて収穫可能であるが、手触りが硬い葉は苦味が強く、食感も悪いため避けておきたい。

花も生食でき、ほんのりと甘味があっておもしろい。下ごしらえとして、水を張ったボウルにしばらく浸しておくと、花に潜っていた虫たちが浮いてくる。

地下の根茎も食用やハーブティーの材料となる。まるまると太った根茎は、よく洗い、皮を剥き、食べやすいサイズに切ったらキンピラに。ハーブティーには根茎を細かく切り、乾燥させ、フライパンで乾煎りしてから使う。

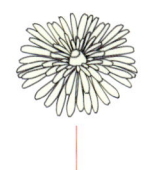

総苞内片

総苞外片

総苞（そうほう）

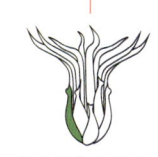

総苞外片が反り返る

総苞外片は密着し先端に
目立つ突起がある

総苞外片は密着。
全体が著しく細長い

総苞はカントウタンポポに
似るが総苞外片が「短い」

| セイヨウタンポポ群 | カントウタンポポ | カンサイタンポポ | シロバナタンポポ |

セイヨウタンポポ群
Taraxacum officinale agg.

ヨーロッパ原産で全国に分布する多年生。開花は真夏を除きほぼ一年中。頭花はぶ厚く咲いて蜜も多め。葉は真夏も広げ一年中みることができる。根は太く深く潜り、収穫にはいささか苦労する。

カントウタンポポ
Taraxacum platycarpum subsp. *platycarpum* var. *platycarpum*

おもな分布は関東〜中部地方。多年生で花期は3〜5月。頭花は薄めで平ら。タネを飛ばすと葉を枯らし夏は眠りにつく。秋になると再び新芽を伸ばす。食用可。

カンサイタンポポ
Taraxacum japonicum

おもな分布は長野県〜琉球。多年生で花期は4〜5月。総苞全体がスマートな種族で、夏は枯れ、秋に新芽をだすタイプ。こちらも食用可だが風味はやはりセイヨウに劣る。

シロバナタンポポ
Taraxacum albidum

おもな分布は関東〜九州。多年生で開花は4〜5月。花が白いタンポポは地域によって複数の種族から構成され、なかなか難解。本種も食用可で、強壮・健胃・解熱の民間薬（カントウ、カンサイも同様）。

オオバコ科オオバコ属

オオバコ

Plantago asiatica var. asiatica

性質 多年生

分布 全国

開花期 5〜10月

収穫 葉……10〜4月
種子……6〜11月

食用 葉：天ぷら、お浸し、和え物、
炒め物、パスタの具など
種子：肉料理のトッピングなど

女性を魅了する異能の才

平安時代にはすでに、オオバコを利用する文化が発達していた。

オオバコ（大葉子）という名は江戸時代の呼び名で、よく目立つ大きな葉を広げる様子に由来するという。

オオバコたちの住まいは、スコップすら弾き返す硬く締まった道ばたや砂利道。多くの植物が勇猛果敢に開拓すべく打ってでて、そのほとんどが無念に打ちひしがれ枯れ果てる不毛の地で、オオバコはまるっこい葉をぺろんと伸ばし、うららかに時を過ごす。とんでもない異能の持ち主である。

この意欲的な生命体は、人間、とりわけ女性に朗報と恩恵をもたらすことで高い人気を誇る。男性諸兄もまた、食卓でその豊かな味わいを愉しむことが叶う。

こうした恩恵に浴するには、ささやかな審美眼が必要である。

植物なのにポルチーニ

オオバコの葉は、噛むほどに奥深い香味が立ち、不思議なことに高級キノコを思わせる味わいがある。イタリアなどではポルチーニのアロマがあると評価されるほど。おいしい葉は、無傷で、しっとりした触感があるものが最高で、こうしたものを贅沢に選んで摘みたい。シーズンは秋から春にかけて（少しでも傷があったり開花期が近づいた葉は苦味が強く、筋張っておいしくない）。

女性には種子が人気。完熟したものを収穫し、フライパンで乾煎りしてから脂っこい肉料理にトッピング。軽やかな食感と芳ばしい風味が食欲をかきたてる。種子は湿気をはらむとゼリー状の物質にくるまれる。健胃、整腸に優れ、便秘や肌荒れの予防・改善が期待できるとして熱い視線が注がれる。

うりふたつのオオバコとセイヨウオオバコを見分ける

もっとも簡単なのは「種子の数」の違い

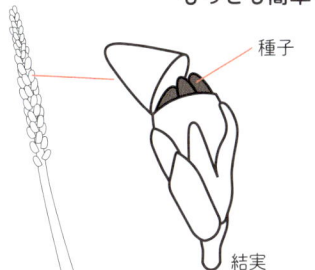

種子

結実

種子の数が4〜6個

オオバコ（在来種）

※本種は交雑種で母種はセイヨウ
オオバコである

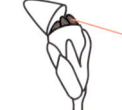

種子の数が7〜25個

セイヨウオオバコ（帰化種）

オオバコ
Plantago asiatica var. asiatica

全国で見られる多年生。開花は5〜10
月。まるっこくて大きなスプーン形の葉
がよく目立つ。花穂も細長いキャン
ディーバーのようで覚えやすい。道ば
た、荒れ地に多数。

セイヨウオオバコ
Plantago major var. major

ヨーロッパ原産で各地に帰化する多
年生。開花は5〜10月。見た目はオオ
バコと一緒で種子数や根茎の違いで
識別する。西洋ハーブとして販売され
るが道ばたにもいる。本種も大変おい
しく利用法も一緒。

ヘラオオバコ
Plantago lanceolata

ヨーロッパ原産で各地に帰化する多
年生。開花は4〜9月。細長い葉と珍
妙な花穂で正体が知れる。原産地で
は食用・薬用ハーブとされ、日本に帰
化した子たちも味はよい。天ぷら、お
浸し、炒め物向き。

ツボミオオバコ
Plantago virginica

北アメリカ原産で各地に帰化する越年
生。開花は4〜6月。道ばたや駐車場
に多く、全草がやわらかな毛に覆わ
れ、手触りもふわっふわなので区別で
きる。原産地でも利用は見られず、日
本でも使われない。

クサスギカズラ科ギボウシ属

オオバギボウシ

Hosta sieboldiana

性質 多年生

分布 北海道〜中部以北

開花期 7〜9月

収穫 若芽……4〜5月
葉柄……5〜8月

食用 若芽：天ぷら、お浸し、炒め物
葉柄：煮びたし、炒め物など

崇高な山菜の女王様

ギボウシという名は擬宝珠と書く。神社や和風の橋の欄干にはタマネギみたいなオブジェがぽこんと乗せられている。これが擬宝珠（ぎぼし）。崇高さを讃えたり魔除けになるとされるが、この植物の場合、つぼみの姿が擬宝珠を思わせることに由来する。

ギボウシの仲間は数多く、地域ごとに多彩な顔ぶれが出現する。なかでもオオバギボウシは"山菜の女王"の1つとして敬愛を集める人気種で、その姿も圧倒的。雑木林や山林で、ひときわ異彩を放ち、あたかも帝王の玉座がごとく超然と葉を広げる。

春の佳品と絶賛される若芽もまた、流麗で美しい艶を湛え、道ゆく者の目を奪う。やがてほつれゆくように広げる葉も、その威風堂々さであなたの目を惹くだろう。

取り柄があるのが取り柄です

とある共通のマナーが、ギボウシを愉しむうえで欠かせない。まず「採取は控え目に」。森の主である宝珠らに、適切な敬意をもって接してみたい。

次にギボウシの全草には強めの苦味がある。例外は「春の若芽」と夏の「葉柄」。すこぶる食べやすく、軽やかなヌメリがあり、ほのかな野趣が味覚を躍らせる。

ただ、もっとも人気がある春の新芽の収穫は要警戒。そっくりな猛毒草がいて、熟練者の間でも重大な中毒事故が頻発する（死亡例もある）。そこで安全な夏の開花期に収穫を愉しみたい。大きな葉をつけ根から切り取り、おいしい"柄の部分だけ"を残す。煮びたし、和え物、炒め物で舌鼓。そっくりな猛毒草には取るべき"柄"がそもそもないのである。

オオバギボウシ
Hosta sieboldiana

北海道〜中部以北に分布する多年草。開花は7〜9月。新芽の姿は巻物みたいに「ゆるやかに巻く」。成長すると「葉に長い柄がある」。花色は白〜淡い青紫。身近な雑木林から風光明媚な渓流に多い。花と葉は苦味が強いので、葉の柄だけを使う。

コバギボウシ
Hosta sieboldii

北海道〜九州に分布する多年草。開花は7〜8月。身近な小川や田んぼのまわりに多く、草丈は40cmほどと小柄。花色は青〜青紫系で美しい。繁殖力が旺盛で個体数も多いので、比較的気軽に愉しめる種族。若芽と葉柄が同じく食用にされる。

タチギボウシ
Hosta rectifolia var. *australis*

北海道〜中部以北に分布する多年生。開花は7〜8月。コバギボウシと酷似するが葉柄が長く伸び、葉も大きい。また花茎も長く伸ばして1メートルを超えることがある。本種もコバギボウシと同様に山菜として利用される。

バイケイソウ
（シュロソウ科シュロソウ属）
Veratrum oxysepalum var. *oxysepalum*

北海道〜中部以北に分布する多年生。開花は7〜8月。新芽の姿は「硬くつぼみ、表面に折りたたまれた深いシワがある」。成長すると「葉に柄はない」。少量でも猛毒。加熱しても無毒化不能。花姿がまるで違う。

コバイケイソウ
（シュロソウ科シュロソウ属）
Veratrum stamineum

北海道〜中部以北に分布する多年生。開花は6〜8月。新芽と葉の特徴はバイケイソウと同様。新芽の大きさと葉の幅がより大きい。猛毒性も一緒。どちらも標高が高い山地に住むが、寒冷地では低地にも。

キク科フキ属

フキ

Petasites japonicus subsp. *japonicus*

性質	多年生
分布	本州～琉球
開花期	3～5月
収穫	若芽……2～3月 葉柄……4～5月
食用	若芽：天ぷら、和え物、炒め物 葉柄：佃煮、炒め物など

🌿 冬の汚れを拭い去る

　フキは早春の味覚として広く愛される。苦味ばしったその味は薬草らしくあり、活動的な春に向けて胃腸を整え、ミネラル不足を補いつつ、身体に溜まった不要物の排出を助ける。

　フキを漢字で書くと"蕗"であるが、語源の1つに"拭き"がある。やわらかなフキの葉はモノを拭くのに便利であった。あるいはお尻を拭くのにもとても重宝した。大きな葉を採り、よく揉んでからあてがうと、なかなか心地がよいものである。抗菌作用が強いところも心強い。

　さて、早春のフキノトウにはいくつかの注意点がある。伝統的な「下ごしらえ」を省略したり、「言い伝え」を忘れて食べすぎると肝臓をしたたかに痛める。そしてよく似た猛毒草の存在も忘れてはならないだろう。

🌿 フキ自体もデトックスが必要

　フキは全草に刺激性の強いアルカロイドを含む。下ごしらえで水に長時間浸けたり、流水にさらし続けることで顕著な減毒効果が期待できる。鍋で噴きこぼしたりするのも効果的。一方、短時間の高温（天ぷらなど）では十分な減毒が期待できないため食べすぎに要注意。お腹を下すだけならまだしも、肝細胞に著しい負担がかかることをお忘れなく。

　フキは葉を広げれば誰でもわかるが、フキノトウの時期は猛毒草にアタる人が頻出する。初心者ではなく採り慣れた人たちがハシリドコロやフクジュソウの若芽と間違えている。もっとも簡単な見分け方は「香り」。フキノトウには刺激的な強い香りがあるけれど、猛毒草たちはどれも青臭いだけ。

　どんな場面でも"基本"を守れば安全安心。

フキ
Petasites japonicus subsp. *japonicus*

本州〜琉球に分布する多年草。開花は3〜5月。フキノトウは「淡い黄緑色」で葉をめくると「花穂が見える」。収穫時に強烈な香りを放つのも特徴。市街地から山野まで広い地域に出現する。

ツワブキ（キク科ツワブキ属）
Farfugium japonicum

福島〜九州に分布する多年草。開花は10〜12月と遅い。葉の形はフキに似るが「ぶ厚くてツヤツヤ」。沿岸部に自生するほか内陸でも栽培され、ときに野生化。葉、茎、つぼみ、花が食用となり、葉と根茎が健胃・食中毒予防などの民間薬として使われてきた。

ノブキ（キク科ノブキ属）
Adenocaulon himalaicum

北海道〜九州に分布する多年生。開花は8〜10月。雑木林の道ばたや丘陵・山地に多い。花と実が特徴的。若い葉は天ぷら、和え物、炒め物に。独特の香味と苦味は好き嫌いが分かれるところか。

ハシリドコロ
（ナス科ハシリドコロ属）
Scopolia japonica

本州〜九州に分布する多年生。開花は4〜5月。若芽は「暗い赤紫色」で葉をめくっても「葉があるだけ」。香りはない。中毒すると特有の中枢神経症状を発症。軽症なら数時間で回復が始まるが、発症時の症状が重い。

フクジュソウ
（キンポウゲ科フクジュソウ属）
Adonis ramosa

北海道〜九州に分布する多年生。開花は3〜4月。若芽は「ツヤのある黄褐色」で葉をめくると「青緑〜黄色の花弁」が見える。香りはない。有毒成分は心臓の活動に干渉するため大変厄介。庭や畑にフキがいる場合、本種を植えると事故の元。

春の野草

セリ科セリ属

セリ

Oenanthe javanica subsp. *javanica*

性質 多年生

分布 全国

開花期 6〜11月

収穫 若芽……10〜5月
根茎……通年

食用 若芽：お浸し、和え物、鍋物
根茎：浅漬け、鍋物など
※セリも過食すると下痢を招く

本場の味はひと味もふた味も

"セリ鍋"はグルメを唸らせる人気料理。セリをとにかく贅沢に投入するが、根を使うところがミソ。発祥の地、宮城県名取市在住のミュージシャンは「関東ではセリの地上部だけを売りますよね。信じられません。一番おいしいところを落とすだなんて」。まったくもっておっしゃるとおりでございます。

セリは「"競り"あうように生える」のでその名がある。最高のシーズンと最良のセリを狙い人もまた競りあう。田んぼや水辺でたくさん採れるので収穫は愉しい。春に採る人もいるが、実は秋冬も収穫できる。地上部を摘むのがオーソドックスだが、根が非常に美味。根は細いものと、色っぽくグラマーに育つ根があり（色白で太め）、グラマーさんの香気と食感が絶品なのだ。

収穫と下ごしらえ。アセリは禁物

「根まで採ると、消えてしまう」という後ろめたさは、少なくともセリに関しては無用。むしろ間引くことで成長の勢いを増す生き物である。茎葉の旬は10〜5月までだが、根は一年中収穫できる。手軽でおいしいのは浅漬け。シャクシャクと爽快な歯ざわりといい、噛むほどに広がる豊かな味は誰もが魅了される。注意点として、水辺のものは微生物や寄生生物が付着していることが多いので「加熱調理は必須」。ただ加熱がすぎると香味が飛び、苦味が増す。短時間で済ませたいなら水洗いに手間をかける（ていねいにこすり洗いをする）。

もう1つは毒草の存在。摘んだセリを食べて腹痛を起こす人が頻発する。収穫に熱中するあまり有毒なキツネノボタン類の若葉を一緒に摘んで食べてしまうと、胃痛と下痢を起こす。

セリ
Oenanthe javanica subsp. *javanica*

全国に分布する多年草。開花は6〜11月。花色は白で花穂が大きい。全草が「無毛」でツルっとしており、茎と葉の柄が「角ばる」。摘むときに「無毛」で「セリらしい強い香り」が立つことをかならず確認したい。下記の種族と混在することが多く、特にキツネノボタン類を一緒に摘んで食べる事故が多い。いまのうちに区別のポイントをしっかり整理して押さえておきたい。

キツネノボタン類
（キンポウゲ科キンポウゲ属）
Ranunculus silerifolius var. *glaber* ほか

全国に分布する多年草。開花は3〜7月。花色は「黄色」で光沢があり、中心部がお団子状にぽっこりして愛らしい。若葉の雰囲気が似るが、摘んだときにセリらしい香りがなく、葉の柄に「毛がある」ことが多い（写真A）。セリ摘みのあと、家で水洗いする際、葉の柄に「毛がある」ものはセリではないのですべて廃棄する。

写真Bは、セリが群生する田んぼでよく見るパターン。写真右下にセリの新芽、丸印の箇所にキツネノボタン類の新芽がある。見慣れるとすぐにわかるが、そもそも毒草が一緒に生えることを知らないことが多い。毒性は食道と胃腸の粘膜を著しく壊す。

ドクゼリ（セリ科ドクゼリ属）
Cicuta virosa

北海道〜九州に分布する多年生。開花は6〜8月。花色は白で花穂は大きい。毒性は世界の植物のなかでもトップクラス。本州の暖地では山間部の湖沼や湿原、寒冷地では山すそや河原などにいるがきわめて局所的。生息地ではセリと混在する。特徴は根元が巨大化し、「茎と葉の柄が丸い」こと。猛毒成分は皮膚からも吸収されるので素手で触れない。

セリ科ミツバ属

ミツバ

Cryptotaenia japonica

性質 多年生

分布 全国

開花期 5〜8月

収穫 若葉……4〜5月

食用 天ぷら、お浸し、サラダ、和え物、鍋物、料理のトッピング

🌿 "本気のミツバ"を探しだす

野生のミツバの味わいは"格別"。まるで段違い。これまで食べてきたのはなんだったのかと誰もが唸る。ただ、おいしいミツバを探す旅は、思いのほかたやすくない。ミツバという名は、見たまんま。葉が3つに分かれることに由来する。

身近な雑木林や公園にゆくと、ミツバはもちろん、「ミツバっぽいもの」がワラワラと生え散かっている。ここから「おいしいミツバ」を狙うわけだが、多くの方が狙いを誤り「ちっともおいしくないんです」と顔をしかめる。

自然界には似たものが多いうえに、ミツバはとても繊細な気質の持ち主で、よほど機嫌がよくないと「香りなく、ひどく筋張る」。ご機嫌もよろしく本気をだしている子たちは、たいてい湿り気が多めの木陰にいらっしゃる。

🌿 本気でミツバを探しだす

本気のミツバを狙うなら、まず「指先の感触」を利用する。やわらかでしっとりしたものを選び、それから葉をちぎり「嗅覚」を活用。香りが豊かなものを贅沢に選んでゆくと、そこにいる子たちが半日蔭か水辺の近くであることに気がつくだろう。ミツバは日なたや乾燥した場所でも育つが、機嫌よく全力を発揮できる環境は半日蔭。わたしたちはソコを狙うことにしよう。

「そっくりな別物」との区別も意外と悩ましい。山菜採りをする人でも、よく知らない場所に行くとウマノミツバを掴まされている。毒性はないけれど、香りとありがたみもまるでない。葉の形を自在に変化させるので困ってしまうが、「香りがない」ので「嗅覚」で簡単に識別可能。ノダケの若葉をミツバと間違える人もいる。食用可だが、クセが強く、ちょっとガックリする。

ミツバ
Cryptotaenia japonica

全国に分布する多年草。開花は5〜8月。花色は白。骨組みみたいな質素な花柄を伸ばし、ちらほらと微塵のような花を愛らしく咲かせる。葉姿で悩んだら葉をちぎり「香り」で判別するのがもっとも簡単で確実。見慣れてくると葉の色味や葉の切れ込み方で区別できるようになる。

ウマノミツバ
（セリ科ウマノミツバ属）
Sanicula chinensis

全国に分布する多年草。開花は6〜8月。若い時期の姿はミツバと雰囲気が似る(A)。成長につれて葉に深い切れ込みが入り、葉が「5つ」に分かれたような形になる(B)。葉に香りはなく、感触も硬めで強く筋張る。

花と結実の姿がまるで違うので、開花期に観察しておくとよいだろう。花は開花してるんだかどうなんだかサッパリわからぬお姿であるけれど、一風変わった風情があり、公園やハイキングコースの道ばたを渋く飾る。

一般に有毒だと思われていることも多いが、明確な毒性は知られていない。香味はからっきしで、食感も強く筋張りちっともおいしくない。雑木林の道ばたなどにもたくさんいて、ミツバと混ざって暮らすことも多い。

ノダケ（セリ科シシウド属）
Angelica decursiva

関東〜九州に分布する多年生。開花は9〜11月。若葉の時期はミツバとそっくり。しかし本種の若葉は「細長い楕円形（ミツバはヒシ形状）」で、葉の鋸歯が「ゆるやかで整然（ミツバは鋭くギザギザ）」。うっかり騙されると、ミツバの香気が皆無なためものすごく落胆する。本種も食用可だがクセが強めで好き嫌いが分かれるところ。

ドクダミ科ドクダミ属

ドクダミ

Houttuynia cordata

性質	多年生
分布	本州〜琉球
開花期	5〜6月
収穫	葉……4〜11月 根茎……通年
食用	葉：天ぷら、和え物、炒め物 根茎：味噌漬け、炒め物など

🌿 おいしくも悩ましき選択

　ドクダミの語源は諸説あり、解毒する薬効から「ドクダメ（毒矯め）」、または強烈な刺激臭に満ち、なんだか珍妙な有毒な成分でも溜め込んでおるのではなかろうか──というので「ドクダメ（毒溜め）」などがある。

　生薬として、胃腸の健康維持、食あたり、下痢、便秘など適用できる場面は多く、医薬品原料植物として法律で指定される"名門"。

　あの"ひどい刺激臭"は加熱・乾燥させると見事に消え去る。ドクダミ茶（乾燥葉）は驚くほど飲みやすく、天ぷらも大変食べやすい。

　一方、臭みを除くと薬効の一部（抗菌作用など）も失われる。たとえば掻けば痛いし掻かねば痒いという湿疹・かぶれにもよく効くが、ナマの臭気に耐えてそのまま

塗るか──まさに痛し痒しの選択である。

　地下を這いまわる白い根も、乾燥させて保存したり（利用時は水で戻す）、味噌漬けにして食べる地域がある。もちろんドクダミらしい刺激臭たっぷりで、噛むほどに目がチカチカするというとっても貴重な体験が叶う。

　炒め料理にも使われるが、味噌漬けでもどうにもならなかった臭いが剛直球でくる。

ブドウ科ヤブカラシ属

ヤブカラシ

Cayratia japonica

- **性質** ツル性の多年生
- **分布** 全国
- **開花期** 6〜8月
- **収穫** 新芽・ツル先……ほぼ通年
- **食用** 天ぷら、和え物、炒め物など

エゲつない生命体の爽やかな横顔

ドクダミは「特有の臭気」で有名だが、ヤブカラシは「苦い、エグい、辛い」の三拍子がそろい踏み。その生命力が圧倒的で、ヤブを枯らすほど茂るので"藪枯らし"となった。ちなみにヤブ"ガラシ"と発音されることも多いが、標準和名はヤブ"カラシ"。どちらでも意思疎通は見事に成立するので問題はない。

身近なヤブ、宅地の庭、荒れ地など、あらゆる場所で暴れ回る暴君で、重機で掘り返しても執拗に復活してくる"脅威の生物"。一部の生態系（ハチやチョウなど）には豊かな恵みを与えることで有名だが、人間にはどうかというと、新芽やツル先が「意外とおいしい食材」になる。

ボウルにたっぷりの水を入れ、大さじ一杯分の醤油を垂らす。よく混ぜてから新芽を入れて数分待つ。そこから塩茹でしてお

浸し、和え物に。

爽やかなヌメリがあり、非常に食べやすく、辛味エグ味はほぼ消える。

夏のツル先はやや辛味をもつが、新芽にはほぼない。喜ばしいことに（あるいはとても厄介なことに）、新芽は季節を問わずでてくる。一度、除草がてらの味見を愉しんでみてはいかがであろう。

ワスレグサ科ワスレグサ属

ノカンゾウ

Hemerocallis fulva var. disticha

性質 多年生

分布 本州〜九州

開花期 7〜8月

収穫 新芽……4〜5月
つぼみ……6〜7月
花……7〜8月

食用 新芽：天ぷら、お浸し、炒め物
つぼみ：炒め物、スープなど
花：天ぷら、酢の物など

"憂い"なく愉しめる逸品

「甘味があって食べやすい」という野草はとても貴重である。ノカンゾウとヤブカンゾウは野草にありがちな青臭さや苦味の憂いがまるでなく、むしろ甘味すらある。身近に多く、収穫も簡単。覚えてしまえば春から夏まで長く愉しめる一級品。

カンゾウという名は中国名の"萱草"を音読みしたもの。一説に、古代中国では萱の文字に「憂いを"忘れる"」という含意をもたせたようで、この花を観賞したり喫食することで「憂いを忘れる薬効がある」と評されたようだ。

ノカンゾウとヤブカンゾウは、実際、全草が解熱・利尿のほか不眠症の改善に利用されてきた。効果のほどは個人差が多いものの、食べやすさは万人受けするので、効果のほどを自分で試してみるのも愉しい。

憂いなく収穫するなら初夏

特においしいのが春の新芽と夏のつぼみ。

春の新芽は独特な姿で、水辺や田んぼのまわりに多い。細長く伸びた葉が扇状に広がる様子は、ノカンゾウとヤブカンゾウに共通する。この時点で両者を識別するのは至難の業であるが、やや細長く伸びていたらノカンゾウの可能性がある。どちらであっても味には大差ないが、アヤメの仲間（特にシャガ（右ページ））の新芽とは確実に区別したい。誤ってシャガの新芽を食べてしまう人がいて、いずれもひどい嘔吐・下痢を起こしている。

春の旬を逃しても、夏の美味を愉しめる。つぼみが大人気の食材で、炒め料理や茹で料理で大活躍。食感もよく、甘味があり美味。花を見れば間違うこともなく、初めて収穫するなら「夏の旬」を狙ってみたい。

ノカンゾウ
Hemerocallis fulva var. *disticha*

本州〜九州に分布する多年生。開花は7〜8月。水辺や田んぼのまわりに群落をこさえることが多く、こうした場所を見つければ毎年大収穫できる。新芽の葉はやや細め。やがて開花する花は一重咲き。ノカンゾウとヤブカンゾウはなんとなく棲み分けをする傾向がある。地域ごとにどちらかが主流派となり、もう片方はまるで見ない——ということがよく起きる。風味に明らかな違いはない。

ヤブカンゾウ
Hemerocallis fulva var. *kwanso*

北海道〜九州に分布する多年生。開花は7〜8月。古代に渡来したと推測されているが原産国は不詳。環境の好みはノカンゾウと一緒で、群落になることが多い傾向も同じ。新芽の葉はぶりっと太めでどっしりと広げることが多いが、一定せず変化が多い。やがて開花する花は八重咲きでボリューム感たっぷり。本種とノカンゾウはつぼみ料理がオススメだが、「花」も食用可。天ぷらや軽く茹でて酢の物、和え物などで。

シャガ（アヤメ科アヤメ属）
Iris japonica

本州〜九州に分布する多年生。開花は4〜5月。アヤメの仲間で古代に中国から渡来して定着。園芸種として栽培されることが多い。花の姿こそまるで違うが、若芽の時期は上記2種と雰囲気が似る。決定的な違いは「葉の厚み」。シャガの若芽はぺったんこで、コピー用紙1〜2枚程度の厚みしかない。一方、ノカンゾウ・ヤブカンゾウは肉厚で、二つ折りになっているので区別は容易。

キク科ヨモギ属

ヨモギ

Artemisia indica var. *maximowiczii*

性質	多年生
分布	本州〜九州
開花期	9〜10月
収穫	葉……3〜4月
食用	天ぷら、和え物、炒め物、草餅など

姿が変われば用途も変わる

　道ばた、畑、庭など、いたるところにいる。四方八方によく殖えるので「四方草（ヨモギ）」、乾かすとよく燃えるので「善燃草（ヨモギ）」など、その名の由来には諸説ある。

　早春、ヨモギたちはシルバーグリーンの美しい新芽をだしてくる。全草が輝きに満ちた白銀の毛に覆われるこの時期が食用の旬。香りがひときわ高く、苦味はおだやか。草餅のほか、天ぷらにしても大変おいしい。

　成長につれて、ヨモギはその姿を濃厚な緑色に変えてゆく。草丈も高くなり、すると苦味エグ味を増す。夏至のころにはとても食べられたものではなくなるが、薬草としての旬を迎える。乾燥させたものをお茶や入浴用にすることで、鎮痛、下痢止め、腹痛や腰痛の緩和などに用いられてきた。

種類の多さと相性の良し悪し

　ヨモギには思わぬ落とし穴がある。

　1つめは“種類”。日本には44種類ほどが住んでいるようで（『ヨモギハンドブック』文一総合出版）、身近にも複数の種族が混在し、香りの特徴や使い方にも違いがある。人気が高い在来種の特徴については右ページでご案内する。

　2つめは“相性”。味と香りが苦手な人や、おいしく食べてもノドの不快感や軽い頭痛を起こす人など、副反応はいろいろある。刺激が強い成分を豊富に含むため、自分にあわないと見たら使用は避けたい。野山の恵みはヨモギ以外にもたくさんあるのだから。

　秋になると各地で地味に開花する。このとき途方もない数の花粉を季節の風に乗せるので、敏感な人はマスク持参をお忘れなく。

【花】

1.2 〜 1.8 mm

ヨモギ

花は全体的に小ぶり。全草の香気はとても強く刺激的

1.8 〜 2.5 mm

ニシヨモギ

花は全体的に大きめに。全草の香気は強めだがやわらかな甘味を帯びる

仮托葉がある

葉の形状はヨモギとまるで違う

仮托葉がない

オオヨモギ

ヨモギ
Artemisia indica var. maximowiczii

本州〜九州に分布する多年生。開花は9〜10月。春の新芽の時期、全草がシルバーグリーンになるのが大きな特徴。香りと風味が強く、成長につれて苦味を増す。野外で軽い外傷を負ったとき、応急薬として生葉を揉んで塗布する。止血、抗菌、鎮痛作用があるとされる。

ニシヨモギ
Artemisia indica var. indica

関東〜琉球に分布する多年生。開花は9〜11月。見た目はヨモギとほぼ一緒。秋に咲く花がひと周り大きいことが決定打になる。その香りはヨモギより温和でほのかな甘味すら感じさせる。成長しても苦味はキツくないため、夏も食材利用が可能。沖縄料理ではおなじみ。

オオヨモギ
Artemisia montana

北海道〜近畿以北、九州に分布する多年生。開花は8〜9月。上記2種とは「葉の形」がまるで違う。本州では「山地に多い」が、寒冷地では平野部に普通。香りがひときわ芳醇で、苦味も弱い。食べやすいほか入浴用とすると豊かな香りが立ち大変気持ちよい。

ヒガンバナ科ネギ属

ノビル

Allium macrostemon

性質	多年生
分布	全国
開花期	5〜6月
収穫	葉……12〜5月 花・ムカゴ……5〜6月 鱗茎……4〜9月
食用	葉：天ぷら、お浸し、薬味 ムカゴ：漬け物、香辛料 鱗茎：生食、香辛料ほか

ご飯やお酒のアテに抜群

ノビルは野蒜と書く。"蒜"とは古い時代の言葉で、ニンニクやタマネギなど特有の刺激的な香りがある植物を指す。本種が野に生え、強い香味をもつので野蒜となった。

道ばた、公園、荒れ地など、あらゆる場所に住みつき、真冬も青々と茂る。葉の旬は春の「開花前」だが、真冬も採れる。優しい風味と使い勝手のよさが魅力で、アサツキのように薬味や彩りに大変重宝する。

しかしなんといっても地下に眠る白い鱗茎が美味。よく洗い、味噌をつけて食べれば刺激的な香味に食欲は倍増。滋養強壮によい生薬でもあるためお得感も跳ね上がる。掘るのが面倒な人はムカゴがよい。花穂につく「茶色いたまっころ」がムカゴで鱗茎に劣らぬ抜群の香味。キムチ漬けが最高。

アテになるのは自分の五感

ノビルは里山はもちろん、大都市圏でも普通に見られる。ひとたび覚えればとても便利な野草なのだけれど、人里にはよく似たものがたくさん。こともあろうか毒草が多い。

「ノビルのつもりで毒草を食べる」という事故が毎年欠かさず起きている。公表されるのは氷山の一角で、各地を旅すると「実はわたしも中毒しました」という告白とともに、嘔吐・胃痛・下痢に悩まされたご経験を赤裸々に語ってくださる。症状は、かなりキツい――。

見分け方はいろいろあるが、もっとも確実なのが「香り」。

誤食事故の大半が「記憶や見た目」に頼って起きており、収穫や水洗いの際に「香り」を確かめていない。「似た毒草がいる」、「香りを確かめる」を覚えておけば旅路は安全。

ノビル
Allium macrostemon

全国に分布する多年草。開花は5〜6月。葉に「ネギっぽい強い香気がある」。細長く伸びた葉は直立せず、へろへろと腰が折れ、しなだれるのが特徴。葉は細い筒状に見えるが、その断面は中央がへこんだ「三日月形」になる。花は白色で紫の筋模様を浮かべ大変美麗。花穂の部分には茶色いムカゴがつきこれが非常に美味。ナマでも利用可。

スイセン
（ヒガンバナ科スイセン属）
Narcissus tazetta var. chinensis

関東〜九州に分布する多年草。開花は12〜3月。葉は「青臭い」だけ。葉は平らで剣状に伸び、ノビルとは明らかに違うが、中毒事故が多発。急激な嘔吐と腹痛を起こす（翌日〜2日ほどで回復することが多い）。スイセンの仲間は逃げだすものが多く、すっかり野生化しているので要注意。

ヒガンバナ
（ヒガンバナ科ヒガンバナ属）
Lycoris radiata

本州〜琉球に分布する多年生。開花は9月。葉は「青臭い」だけ。葉はスイセンに似て平べったいが、葉の中央部に「白い筋」を浮かべることが多い。中毒症状はスイセンと同様。ノビルが多い公園、耕作地周辺、土手では本種も非常に多いので注意が必要である。

タマスダレ
（ヒガンバナ科タマスダレ属）
Zephyranthes candida

南アメリカ原産で全国で栽培される多年生。開花は5〜10月。流通名ゼフィランサス。園芸種だが野辺に逃げだすケースも多い。葉の見た目がノビルやアサツキ（次項）に酷似するので非常に厄介だが「香りがない」ほか感触が「とても硬い」ので区別がつく。嘔吐・腹痛を招く毒草。

アサツキ

Allium schoenoprasum var. *foliosum*

性質	多年生
分布	北海道〜四国
開花期	5〜6月
収穫	葉……3〜5月 鱗茎……ほぼ通年
食用	葉：かき揚げ、炒め物、薬味 鱗茎：かき揚げ、浅漬けなど

平凡という "新たな衝撃"

　山間部や寒冷地にお住まいの方は、野生のアサツキを愉しむことができる。これがもう絶品。"農作物"のイメージが強いものの、日本の山野には"野生種"がたくさんいる。

　平凡な草むらや斜面などで、それこそ雑草がごとくわしゃわしゃと茂る。ノビル（P.40）と似るが、茎葉はピンと直立気味に茂り、葉の形も円筒形（断面は「丸い」。ノビルは「三日月形」）。

　花も淡い紫色で、花穂の姿はちいさなネギ坊主を思わせる。

　葉の風味は市販のそれと完璧に別物。香味はとても強く、薬味に使うと刺激的な存在感をしっかり主張しつつも素材のウマ味を引き立てる。

　地下に潜む鱗茎はさらに絶品。刺激的でパンチが効いたフレーバーと快活な食感

にノックアウト。味噌をつけて食べるだけで心が天を舞う。

　オススメは浅漬けやキムチ漬け。食べだしたら胃もたれ寸前まで箸が止まらない。すり潰して肉料理のソースにしてもすばらしい深みと香味で舌と胃袋が踊りだす。

　この絶妙なまでの刺激と香味のバランスは野のアサツキならでは。おなじみの食材も山野の魔法がかかると豹変するのだ。

ヒガンバナ科ネギ属

ミツカドネギ

Allium triquetrum

性質	多年生
分布	地中海沿岸地域原産
開花期	4〜6月
収穫	葉……3〜6月
食用	天ぷら、お浸し、和え物、炒め物、椀物、薬味など

新たな"刺激"がやってきた

ご存じの方はまだ少ない。ミツカドネギは、花茎の断面が三角形になることと、軽く触れるだけで強いネギの香りを放つのでその名がある。

地中海沿岸からやってきた園芸種で、大株に育ち、花数が多く、その豪華な装いが園芸家を魅了してきた。栽培も簡単で、放置しても自力で育ち、こぼれダネでよく殖える。おのずと逃げだし、各地で野生化が進む。線路の敷石の合間でも、おおいにひと花咲かせるほどの豪胆さ。この葉がとんでもなくおいしい。

刺激的な香味がありつつ、優しい甘味も抱く。葉が大きく育つので、細身のノビルやアサツキと比べれば収穫も楽で収量も多め。本種のように葉が大きいと、下ごしらえの水洗いや包丁仕事がとても楽である。

知っておくと大変重宝すること間違いなし。

野生化している地域はかぎられるので、市販される種子や鱗茎を入手したほうが早い。プランターや鉢植えで、たまの水やりでスクスク育つ。鱗茎でも殖えるので、大株になったら株分けをして、さらなる増収を期待してみたい。可憐で観賞価値が高い食材はそうあるものではない。

ヒガンバナ科ネギ属

ニラ

Allium tuberosum

性質	多年生
分布	全国
開花期	8〜10月
収穫	葉……3〜8月
	つぼみ・花……8〜10月
食用	葉・つぼみ・花：
	天ぷら、お浸し、和え物、炒め物、
	椀物、卵料理など

🌿 薬草のミラはノラのニラ

　本来、畑で栽培される野菜であるが、その尋常ならざる生命力でもって囲いから逃げだし、全国で野生化している。晩夏の道ばたに、突如、純白のお花畑が出現したらニラたちの仕事である。

　ニラは韮と書くが、古代日本では別の呼び名であった。『日本書記』（720年）では計美良（かみら）、『本草和名』（918年）では古美良（こみら）といったぐあい。美良の前につけられた“計”や“古”は辛さを表現する言葉のようで、美良（ミラ）の発音が時代を経てニラに変わったとされる。

　古来、解毒・強壮の重要な薬草であり、やがて日常野菜となったが、近年は道ばたでの雑草化に忙しい。こうしたノラのニラもなかなかおいしいが、後述のように「よく似た毒草」に用心する必要がある。

🌿 つぼみと花までおいしい薬草

　“ニラ臭”という表現があるほど、葉に独特の刺激臭と豊かな香味が宿る。もっともおいしいのは春の新芽。株元の土を少し掘り、葉のつけ根が白くなっている部分から収穫する。なんと“甘味”が満ちており、特有のニラの香味と相まって、お浸しにすると絶品。

　つぼんだ花穂、開花した花もおいしい食材。つぼんだ花穂は天ぷらに、あるいは軽く茹でてから炒め料理に混ぜたりする。

　花は軽く水洗いしてからポテトサラダやカナッペなど前菜のトッピングに。ニラの香味がしっかりありつつ、装飾的にも大変美しい。さて、道ばたでは間違えやすい毒草たちが隣りあう。スイセンやヒガンバナ（P.41）をニラだと思い込み中毒する事故が散発するほか、右図の種族たちにも要警戒である。

ニラ
Allium tuberosum

全国で野生化する多年草。開花は8〜10月。葉に「強烈なニラ臭がある」。葉は平べったく、花は「密集してテーブル状に咲く」。歩道の割れ目、ガードレールの下など、道ばたでの野生化が著しいが、香味は草地で育ったものが優秀。よく似た毒草とは「匂い」で区別。

spring

春の野草

ハタケニラ
（ヒガンバナ科ハタケニラ属）
Nothoscordum gracile

北アメリカ南部〜熱帯アメリカ原産の多年生で各地に帰化。開花は5〜6月と早い。市街地や宅地の道ばたに生え、葉姿や立ち姿がニラとそっくりで間違える人が多いが、葉に「強いニラ臭」はなく、花も「まばらに咲く」。強い毒性は報告されないが、安全性もまた確証がない。

ハナニラ
（ヒガンバナ科ハナニラ属）
Ipheion uniflorum

アルゼンチン原産の多年生。開花は3〜4月。「葉に強いニラ臭がある」ため「食べられる」と誤認して悪心・嘔吐・下痢を起こす人がでる。葉が途中でねじれる特徴があるほかは、ニラとの識別が困難。野草の採取は、判別しやすい花の時期に「どこにナニが生えるのか」を把握することが大切になる。

オオアマナ
（クサスギカズラ科オオアマナ属）
Ornithogalum umbellatum

地中海沿岸地域原産の多年生。花期は4〜5月。葉姿が似るがニラ臭はない。各地の道ばたや荒れ地で野生化が著しい。日本では食用にするとの情報も散見されるが原産地では毒草扱い。伝統的に特殊な減毒を重ねて加工・利用する。気軽に食べると悪心・腹痛・下痢を招く。

アブラナ科ナズナ属

ナズナ

Capsella bursa-pastoris var. triangularis

性質 越年性

分布 全国

開花期 3〜6月

収穫 葉……11〜6月
　　　根茎……11〜3月

食用 葉：天ぷら、和え物、炒め物
　　　根茎：鍋料理、椀物、キンピラ

“古典野菜”の新たな扉

　植物に興味がない人でも、なぜかナズナはご存じである。実はこれ、驚くべきことなのだけれど、道ばたのナズナと同様、注目されることがない。

　ナズナの名は、平安時代に“奈都那（なつな）”と表記されたほか、紆余曲折があり“撫菜（なでな）”を経てナズナになったとされる。ある説では“ナズ菜”の“ナズ”は朝鮮半島の方言を語源とするものもある。

　“撫菜”は「ありがたくて思わず撫でたくなる気持ち」に由来するとわたしは考える。実際、古代から江戸時代までは畑地で栽培もされ、重要な薬草であり続けた。ビタミン類、ミネラル類などの栄養分が豊富で、鎮痛、消炎、腹痛などの生薬としての活躍も目覚ましい。そしてなにより、おいしいのだ。

なにせ立派な“香味野菜”

　新鮮な葉の風味は、噛むほどに心地よい香味が広がり食欲を誘う。手軽な和え物や炒め物に最適である。多くの人は葉を召し上がるが、ナズナの本領は“根”に秘められる。ナズナはその純朴な性根を表すように、白い根をまっすぐ下に伸ばす。これを掘り上げてよく洗い、揚げ物やキンピラにすると豊かなゴボウの香味がふくらみとてもおいしい。鍋物に入れると今度は濃厚なダシがでて、料理にいっそう奥深いウマ味を提供してくれる。根の香味は「開花前」が最高。開花後でも食べられるが、結実が始まる時期はいやに筋張り、噛み切りづらく、歯の間に挟まって困る。

　葉だけの時期は、右図の種族や次項の種族との見分けがなかなか厄介。有毒種はないが、おいしいものを見分ける審美眼が試される。

ナズナ
Capsella bursa-pastoris var. *triangularis*

全国に分布する越年生。開花は3〜6月に集中するが真冬も開花する。葉の形は変化が多いが、基本的には右図のように、小葉の先端部が突起のように尖る。この生の葉は外傷の応急処置としても優秀で、抗菌、止血、消炎のほか鎮痛作用まである。非常にありがたい種族なので、覚えながら撫でてみたい。

spring

春の野草

ホソミナズナ
Capsella bursa-pastoris var. *bursa-pastoris*

ヨーロッパ原産の越年生で全国に帰化。開花は3〜6月だが真冬も咲く。見た目が在来のナズナと酷似し、近年各地で大繁殖中。結実が「縦長」になるが、微妙なものも多くて悩ましい。ありがたいことに活用法は一緒で、原産地のヨーロッパ各地でも食用・薬用に使われている。

マメグンバイナズナ
（アブラナ科マメグンバイナズナ属）
Lepidium virginicum

北アメリカ原産の越年生で全国に帰化。開花は4〜6月。花は白色で「結実が丸い」ので区別がつく。道ばた、公園、草地に多く、葉姿はナズナに似るが、切れ込み方がとても浅い。本種も食用にされるも、苦味とエグ味が強く、初心者向きでない。種子が民間薬とされる。

イヌナズナ
（アブラナ科イヌナズナ属）
Draba nemorosa

北海道〜九州に分布する越年生。開花は3〜6月。花色が「黄色」で「結実がスプーン形」。全草にふわふわした毛が多いことも特徴。道ばた、荒れ地などに住むが、開発が進むと一気に消滅。食用利用はされぬが、各地で激減中の「愛らしいナズナ」。出遭えると嬉しい。

アブラナ科イヌガラシ属

スカシタゴボウ

Rorippa palustris

性質	1～越年性
分布	全国
開花期	4～6月
収穫	葉……10～6月
	※特に味がよいのは10月～11月
	根茎……11～3月
食用	葉：天ぷら、和え物、炒め物
	根茎：鍋料理、椀物、キンピラ

🌿 華やかな香味が魅力です

見た目は地味だが、とってもおいしい。

スカシタゴボウ（透し田牛蒡）は、田んぼによく生え、ゴボウ（牛蒡）に似た根を伸ばすことに由来する（"透し"の語源は不明）。

前項のナズナとよく似るが、根の味わいもそっくりで「食べやすいゴボウ風味」。素揚げや天ぷらにすると手軽に香味と歯応えを愉しめ、若い葉もナズナと同じく和え物、炒め物などで活躍する。収穫期も秋から春まで長きにわたり、和・洋・中を問わずいかなる調理法にもよくなじむ。ひとたび知っておけば万能食材として愉しみは尽きない。

問題は見分け方。葉の姿がナズナとそっくりだが、ナズナの場合、葉の側面の先端にツンと突起のようなものを伸ばす（前項。ただし変化が多く、ないものもある）。

🌿 身近によくある"アミダくじ"

スカシタゴボウがおいしい時期は、冬の葉姿の時期から春の開花前。田んぼや水辺のそばなど湿った場所に群れて暮らす。根ごと収穫したら、葉の部分を切り分けて調理に進む。この収穫の際、そっくりなイヌガラシとミチバタガラシがそばに潜伏しているはず。「ゴボウのような香味など、ほとんどないじゃないか」とムカッときたら、たぶんコチラを食べたから。もちろん無害で普通に食べられるが、上記の訴えのように香味が薄め。ややハズレになる。大ハズレは右ページの外来種と交雑種。この2種はスカシタゴボウの特徴と共通する点が多く、普通の図鑑で特徴をたどると悩みまくる。ただ「おいしい根」がまるで違う。スカシタゴボウとイヌガラシは、その根をまっすぐ伸ばす。外来種と雑種はアミダのように「横にも伸ばす」。

スカシタゴボウ
Rorippa palustris

全国に分布する1〜越年生。開花は4〜6月。おいしい根は「まっすぐ下に伸びる」ので、酷似する外来種と区別可能。葉は「切れ込みが深くエグれ」、葉のつけ根が「耳状に張りだす」。結実は「短く」、結実の長さは結実の柄と同じ長さになる。

イヌガラシ
Rorippa indica

全国に分布する多年生。開花は4〜9月。葉の切れ込みが「浅め」で、葉のつけ根は「耳状に張りださない」。結実が「細長く伸びる」ところがスカシタゴボウと大きく違い、「途中で軽くひん曲がる」。根は短く「まっすぐ下に伸びる」。

ミチバタガラシ
Rorippa dubia

本州〜琉球に分布する多年生。開花は5〜8月。イヌガラシとそっくりだが、葉の幅が広めで、細長い結実は「直線状」に伸び、途中で曲がることはない。本種も食用可だが、風味のほどは上記2種に遠くおよばないと思う。

ミミイヌガラシ
Rorippa austriaca

ヨーロッパ原産の多年生で各地に帰化。開花は5〜7月。葉のつけ根が耳状に張りだし、結実がちいさい点がスカシタゴボウと酷似するが、「葉の切れ込みがほとんどない」、「根が横方向にも伸びる」ことで区別できる。本種の安全性は詳細不明。

キレハミミイヌガラシ
Rorippa × armoracioides

ミミイヌガラシとキレハイヌガラシの間に産まれたと推定される雑種。葉と結実の特徴がスカシタゴボウと酷似するため厄介。「結実の柄」の長さが結実の2倍以上もあり、根が「横にも伸びて子株をこさえる」点が違う。本種も安全性の詳細は不明。

アブラナ科タネツケバナ属

タネツケバナ

Cardamine occulta

性質 越年性

分布 北海道〜九州

開花期 3〜6月

収穫 茎葉……ほぼ通年

食用 天ぷら、お浸し、和え物、炒め物、椀物など

ベーシックだけど大活躍

身近にある食用野草のなかでも本種の人気は常に高い。ピリっとした香味があり、青臭さや苦味はまるでなく、野菜感覚で愉しめる。

タネツケバナの名は"タネを漬ける"ことに由来する。かつて本種の花が咲くころ、コメの種もみを水に漬けて発芽を促すとうまくゆく──こうした農作業の暦とされた。

湿った道ばたや水辺に多く、とりわけ田んぼの周りに群生する。住宅地や市街地でも道ばたの日陰でまんじりと腰を据えている。

おいしいのは地上部で、開花前が好ましい。開花してもやわらかな茎葉を選べば失敗は少ない。アクはないので生食も可能だが、道ばたや水辺で採ったものはしっかり洗い、軽く茹でたほうが安全。手軽なお浸し、和え物で、本種の香味を愉しみたい。

大きいものがおいしい

本種は野草料理の基本種として有名だが、実際にはそっくりな近縁種がたくさんあり、識別はたやすくない。おいしさで有名なのはタネツケバナ、オオバタネツケバナ。まずはこの2種の"存在"だけでも覚えておきたい。

この仲間を見分けるときのポイントは、非常に地味だが「茎の毛の有無」である。続いて「葉の大きさと並び方（右ページ上図）」もおいしい種族を見分けるカギになる。身近にはさまざまなタイプのタネツケバナが混在し、正確な識別は困難。けれども「大きめに茂っている」ものを選ぶと、ハズレる可能性が少ない。町中に多い小型種は収量も少なく、手間がかかり、喜びも少なめ。また安全性の詳細も不明であることが多いので、小型種の採取は避けておくと無難である。

【中〜大型】

先端の小葉は下側の小葉よりひとまわりほど大きい程度

タネツケバナ

先端の小葉は細長く伸びる（長さが横幅の2倍を超える）

オオバタネツケバナ

※全草のサイズや毛の有無は変化が多い

【小型】あえて食べる必要はない

ここに目立つ毛がある

ミチタネツケバナ

目立つ毛はない

コタネツケバナなど

タネツケバナ
Cardamine occulta

北海道〜九州に分布する越年生。開花は3〜6月。しばしば秋にも咲く。茎や葉に「毛がある」。葉の先端部にある小葉は、ほかの小葉よりひとまわりほど大きいが、その長さは幅の2倍未満。ピリっとした香味が持ち味で、茎ごと食用になる。

オオバタネツケバナ
Cardamine scutata

北海道〜九州に分布する多年生。開花は3〜6月で秋にも咲く。茎は「無毛」が普通だが「ごくまばらに毛がある」こと。葉の先端部の小葉が目立って頭でっかちになるのが特徴。タネツケバナより風味が優しく食べやすい。茎や結実に毛が多いタイプはオオケタネツケバナであり、こちらも食用可。

ミチタネツケバナ
Cardamine hirsuta

ヨーロッパ原産の越年草で全国に帰化。開花は3〜6月。葉は株元に集中し、こんもりと茂り、ドーナッツ状に広がる。全体的に小型で、「茎は無毛」だが「葉のつけ根に目立つ針状の毛」を生やす。例外的に大型に育つケース（雑種？）も散見される。日本では基本的に食用とはされぬが、明らかな有害性も不明。

アブラナ科オランダガラシ属

オランダガラシ(クレソン)

Nasturtium officinale

性質 多年生

分布 ユーラシア原産

開花期 4〜6月

収穫 葉……3〜5月

食用 サラダ、お浸し、和え物、
肉料理の副菜など

🌿 おいしさゆえに「もどかしい」

レストランやスーパーではクレソンの名でおなじみ。オランダガラシという名は、ヨーロッパからやってきた辛味があるカラシナの仲間という意。歯応えのある茎葉は、噛むほどにピリッとスパイシーな香味が広がる。おいしい脂身たっぷりのステーキなどに添えられ、脂でまどろんだ味覚をスッキリさせ、消化・吸収を助けてくれる。

栽培種ならナマのまま使える手軽さが人気で、野生のものは風味がさらに濃厚ですばらしい。けれども野生のものには大きな問題が横たわる。

本種は「水辺であれば水質は問いません」という態度で、全国の河川や用水路で大繁栄する。水中に混ざっているものが重金属だろうが工業廃水だろうがまるで気にせず美しく咲き誇る。のどかな里山でも大量の農薬が濃縮されて流れ込む小川で

元気よく過ごす。

また寄生虫の「ひと時のお宿」になることも知られてきた。カンテツという生き物で内臓を喰い破って移動するからたまらない。そこそこ綺麗（だとあなたが思った）水辺で採取したら、まずはていねいにこすり洗いを。さらに1分程度の塩茹でなら寄生生物のリスクはほぼない。ナマで味わえぬもどかしさ。

アブラナ科ワサビ属

ワサビ

Eutrema japonicum

性質 多年生

分布 北海道～九州

開花期 3～5月

収穫 葉……3～5月

食用 葉：天ぷら、浅漬け、薬味

御禁令がでるほどのおいしさ

平安時代の『本草和名』(918年) では漢名 (中国名) を"山葵"、和名を"和佐比 (わさひ)"と記され、室町時代になって"ワサビ"と発音されるようになったようだ。

ワサビは丘陵や山地で「よく見る」山菜の1つで、水飲み場、沼地、小川沿い、渓流のそばなどで賑やかに群れている。

ゴツゴツと太った根茎をすりおろしたものは、江戸時代に大流行を起こし、当時の江戸っ子は蕎麦、寿司、鯖、なます料理にワサビを添えることを欠かさなかった。人気は加熱の一途をたどり、ついに幕府が天保の改革で禁止令をだすまでにいたる。

しかし野のワサビの根茎は泥臭いことが多く、とても喰えたものではない。一方、よく目立つ大きな葉はとてもおいしい。

新鮮な葉を採取し、葉わさびを愉しむの

がオーソドックス。あるいは浅漬けにしても大変美味。お茶請けや酒の肴に相性抜群。野生のものは味わい深い。

葉はまるっこいウチワ状に大きく広げ、光沢があり、葉脈の細かなシワシワがよく目立つ。すぐに覚えられるだろう。

アブラナ科ダイコン属

ハマダイコン

Raphanus sativus var. *raphanistroides*

性質 越年性

分布 全国

開花期 4〜6月

収穫 葉……3〜4月

結実（未熟）……4〜7月

食用 葉：天ぷら、炒め物、汁物

結実：生食、汁物の具など

可憐で美味なる春の宴や

一説に「ダイコンの野生種」ともいわれるが、異論も多く、出身地もナゾのベールに覆われる。海浜地帯に多いので浜大根と呼ばれる。栽培ダイコンの花色は、基本、白。ハマダイコンは美意識が強い種族で、白をベースにグレープ、赤ワイン色などをそっと溶かし、個体ごとに多彩なデザインを競いあう。たいてい群落を築くので、晩春の開花期は見渡すほどの花畑となり、その壮麗さに息を呑む。

食用には開花前のやわらかな茎葉が使われる。栽培ダイコンの葉と同じ要領で、軽く塩湯でしたら刻んでシラスかジャコと混ぜ、甘辛く炒めたり佃煮風に。

「未熟な実」も美味。そのまま食べると「香味豊かなダイコンおろし風味」。見た目もユニークで食感も心地よく、前菜や箸休めに最適。

浜ダイコン花ダイコン

さて、気になるのはダイコンの部分である。野生のものはとても細く、硬く筋張る。畑で育てるとやや太るが（内陸でも栽培でき、庭で育てる人も多い）、剪定ばさみで試しに切ると、すべてが硬い繊維のカタマリといったぐあいで、通常、食用に向かない。

内陸部にはハナダイコンが住んでいる。標準和名をオオアラセイトウといい、食べやすさで人気がある。やわらかな葉はアクやクセがまるでなく、天ぷら、お浸し、炒め料理で活躍する。身近でたくさん野生化しているので収穫もたやすいが、1つ、気をつけるべきことがある。

住宅地では、花の雰囲気がよく似るゴウダソウがたまに野生化する。こちらは食べられないのでご用心を。

ハマダイコン
Raphanus sativus var. *raphanistroides*

全国に分布する越年生。開花は4〜6月。浜辺、河口付近の河川敷、海浜地帯の市街地などに多く見られる。内陸部でも突発的に発生するが、数年で消えてしまう傾向がある。株元に広げる大きな葉が、畑のダイコンの葉とそっくり。しかし根は太らないことがほとんどで、花色も多彩に変化するところが違う。立ち姿や花色が美しく、たくさん植えるとそれは美しいお花畑になる。栽培の手間もかからぬのでガーデニングでも愛され、タネが市販される。

オオアラセイトウ
（アブラナ科オオアラセイトウ属）
Orychophragmus violaceus

中国原産の1〜越年生。開花は3〜5月。園芸種として導入されたが、いまや各地で野生化する。別名のハナダイコン、ショカツサイ、ムラサキハナナの呼び名でおなじみの種族で、正式な標準和名で話しても普通は誰ひとりピンと来ない。本種の葉も、どこかダイコンを思わせる姿だが、ずっとやわらかく、しっとりする。葉のつけ根は耳たぶ状に広がり茎を抱く。食感が優しく、手軽なお浸し、和え物、炒め物で気軽に愉しめる。花とつぼみも生食でき、食感はサクっと快活。甘味もあっておもしろい。

ゴウダソウ
（アブラナ科ゴウダソウ属）
Lunaria annua

ヨーロッパ東部原産の越年生。開花は5〜6月。流通名ルナリア。標準和名はフランスから本種を持ち帰った合田清氏にちなむという。花姿はオオアラセイトウと似るが、葉をV字型に広げるほか、結実が大変ユニークな「大判小判形」。食材にはならぬが花材として人気が高く、ガーデニングでも活躍する。

アブラナ科アブラナ属

アブラナ

Brassica rapa var. oleifera

性質	越年性
分布	全国
開花期	3〜5月
収穫	葉……3〜4月 花穂……3〜4月
食用	葉・花穂: 天ぷら、お浸し、和え物、 炒め物など

種類は"人の好み"の数だけ

"菜の花"はうららかな春の代名詞であるけれど、特定の植物名ではなく総称である。スーパーで"菜の花"として並ぶものも、アブラナ、カラシナ、のらぼう菜、カンザキハナナなど、種類はもちろん味も「まるで別物」がゴチャゴチャに売られているのが実情。

身近な道ばた、河川敷で「菜の花畑」をこさえているのはアブラナとカラシナたちの仕事。この茎葉と、つぼみがついた花穂は早春の味覚として愛され、茹でてからお浸し、炒め物で愉しまれる。

アブラナは「ほろ苦さ」を愉しむ人が多いであろうし、カラシナはピリッとした辛味が持ち味で、脂っこい肉料理との相性が抜群。

アブラナとカラシナの見分け方はよく混乱する。見分け方を右ページでご案内しておく。

似ているけれど"まるで違う"

もっとも混乱をきわめるのが「アブラナ」と「セイヨウアブラナ」の違いである。中山祐一郎ほか（2022年）が報告したのを端緒に、岩槻秀明（2023年）の続報により「いままでの知見が誤りであった」ことが判明し、多くの研究者が衝撃を受けた。

結論は、河川敷などで野生化するのはアブラナで、セイヨウアブラナが野生化して定着することは滅多にない、ということである。そしてセイヨウアブラナとは、のらぼう菜、かき菜、三陸つぼみ菜の血統で、おもに野菜として栽培される種族が「セイヨウアブラナの血が色濃く残される」ようだ。よく見ると、アブラナとは雰囲気がまるで違い、その風味も驚くほど違う。セイヨウアブラナ系は「甘味があり、苦味エグ味はまるでない」。これは非常においしい。

①

②

③

表面

裏面

アブラナ
Brassica rapa var. *oleifera*

カブの変種で越年生。開花は3〜5月。多くの変種が混在する大きなグループ。実際には形や色に変化が多くて確定は難しいが、アタリをつけやすい特徴を絞り込むと次のようになる。

① 花穂のてっぺんに「つぼみがでない」（写真④と比較するとわかりやすい）
② 葉の形がシンプルで切れ込みが少なく、葉のつけ根は茎を抱く（写真⑤と比較）
③ 葉の表と裏のコントラストがあまりない（写真⑥との比較）

道ばたや河川敷に多いのは本種かその雑種であることがほとんど。

④

⑤

⑥

表面

裏面

セイヨウアブラナ
Brassica napus

ヨーロッパ原産の越年生。開花は4〜5月。アブラナとキャベツが交雑して産まれた。目立つ特徴は次のとおり。

④ 花穂のてっぺんに「つぼみが突きだす」
⑤ 葉は荒々しい切れ込みが多く、葉のつけ根は茎を抱く
⑥ 葉の表裏のコントラストが明確

葉色は「青味が強め」でどっしりした印象。おもに畑地で栽培され、稀に周辺に散らばることがある。花穂や若葉に苦味・辛味がほとんどなく、大変おいしい。写真のものはセイヨウアブラナ系統の「のらぼう菜」。

カラシナ
Brassica juncea

雑種由来（推定）の越年生。開花は3〜5月。アブラナとクロガラシが交雑して産まれたと推定され、多くの品種がある。身近に野生するものは来歴が不明。葉のつけ根は茎を抱かず、下のほうの葉には「柄」がある。また葉の縁にある鋸歯が明瞭でギザギザ感が強い。おいしいが、過食すると胸やけを起こす。

spring

春の野草

キク科ノゲシ属

ノゲシ

Sonchus oleraceus

- **性質** 1〜越年生
- **分布** ヨーロッパ原産
- **開花期** 4〜12月
- **収穫** 葉……3〜6月
- **食用** 天ぷら、お浸し、和え物、炒め物、汁物の具など

🌿 ちょっといろいろ "ほろ苦い"

その立ち姿が罌粟（ケシ。麻薬ゲシなど）と似ているので野罌粟（ノゲシ）となった。

麻薬ゲシも、実は繁殖力と生命力がとても旺盛で、どんな場所でもすぐなじみ、こぼれダネでよく殖える。

ノゲシの場合、もう少し徹底しており、タネにふわふわの綿毛をあつらえて、ずっと遠くまで飛ばして見せる。土がほとんどない場所でもへいちゃらで、盛んに発芽・開花するというクセモノ。いくら抜いても綿毛の落下傘部隊が続々とやってくるのでたまらない。どうにもタチが悪く、見た目も強情でイカついが、意外な味わいがあり、ほろ苦さも手伝ってなかなかおいしく食べられる。

身近にいくらでもあり、収穫も簡単。葉が大きいので下ごしらえも簡単。

🌿 オニ退治の後始末は食卓で

ノゲシの葉にはちいさなトゲが並ぶけれど、ふにゃふにゃで痛くない。一方、よく似たオニノゲシはチクチクして、粗雑に扱うと痛烈な一撃を喰らわせてくる。除草の際はグローブの着用をお忘れなく。

せっかく抜いたなら、キッチンに運んでみるというアイデアもよいだろう。味わいと食感はノゲシに勝る優良品。とりわけ早春のロゼット（葉を地面のうえで放射状に広げている状態）が美しく、おいしい。トゲが気になる場合はハサミでザックリ切り落とすとよいが、ひとたび塩茹でにするとトゲは気にならなくなる（茹でながら確かめるとよい）。ザルに上げたら冷水で引き締め、水気を切り、ベーコンかシラスと炒めたり、生ハムで巻いて食べると美味。この仲間、いろいろなタイプが知られる。

ノゲシ
Sonchus oleraceus

ヨーロッパ原産の1〜越年生。全国に分布し、開花は4〜12月。タンポポに似た花をたくさん咲かせるのでよく目立つ。市街地、荒れ地の道ばたに多く、態度もデカく聳え立つ。よく似たオニノゲシとは「葉のつけ根」を見るとよい。本種の場合、葉のつけ根が「V字型」になり茎の向こう側まで突きだす。

オニノゲシ
Sonchus asper

ヨーロッパ原産の1〜越年生。全国に分布し、開花は4〜10月。真冬も咲く。花の姿や全体の雰囲気がノゲシと似るが、葉の表面には光沢があり、葉の縁に微細なトゲを密生させ、触ると痛い。葉のつけ根は「Jの字型」にカールして茎を抱く。ノゲシ、オニノゲシともに、早春のロゼットや開花前のやわらかな葉がおいしい。

ケオニノゲシ
Sonchus asper f. *glandulosus*

オニノゲシの一品種。基本的な性質や見た目はオニノゲシそのものだが、花茎を見ると「赤っぽいトゲのような毛（腺毛）」がある（オニノゲシの花茎は無毛でツルっとしている）。出現率は非常に高く、地域によっては本種のほうがずっと多いことも。利用法は一緒。間違えても問題ない（※区別されるようになったのはつい最近のこと）。

アイノゲシ
Sonchus × oleraceus

ノゲシとオニノゲシが自然に交雑したタイプ。特徴も「両者の中間」といった感じで、葉のトゲや葉のつけ根の特徴もなんだかあやふや。トゲが鋭く見える場合でも、触るとふにゃっとやわらかくあれば本種の可能性がある。花色が特徴的で、中心部は鮮やかなオレンジ系の黄色だが、花の縁の部分だけ淡いクリーム色になる。本種の利用については詳細不明。

クサスギカズラ科アマドコロ属

アマドコロ

Polygonatum odoratum var. pluriflorum

性質	多年生
分布	北海道～九州
開花期	4～5月
収穫	新芽……3～4月 つぼみ・花……4～5月 根茎……秋・冬
食用	新芽：天ぷら、お浸し、和え物 つぼみ・花：生食、酢の物 根茎：すりもの、椀物、薬用酒

🌿 そのおいしさはハイクラス

　古来、"山菜の女王"と誉れも高い春の銘品。この新芽は優しい滋味と甘味にあふれ、誰もが思わず頬をほころばせる逸品だが、「毒草のほうを食べたみたいで、2日ほど寝込みました」という人が結構いる。症状は嘔吐、激しい腹痛、下痢、虚脱。見た目で判断するとひどい目に遭ってしまうのだ。

　アマドコロは甘野老と書く。"野老（ところ）"とは根の姿に由来し、根茎を横に這わせ、そこから多数の細根を伸ばす姿が「ご長寿な老人のヒゲ」に見立てられた。さまざまな植物に野老の名がつくが、本種の根茎には甘味があるので甘野老となった。

　お住まいは丘陵や山地の草むらや林内を好みつつ、市街地や大都会の公園・雑木林でも見かける身近な山菜である。

🌿 中毒リスクもハイクラス

　アマドコロの太い根茎は滋養強壮薬・精力剤の薬用酒にされることが多い。作用は強烈で、ナマの根茎を食べるだけで身体がポカポカしてくるほど。用量用法を守らずに使えばもれなく中毒し、心臓発作を起こして倒れる。

　アマドコロとそっくりなナルコユリも、やはり薬草としての評価が抜群で、同じような作用が期待でき、山菜としてのおいしさも絶品。やはり用量を守らぬと大変危険である。

　さて、こうしたおいしい情報に誘われ、誤食事故が散発している。毒草のホウチャクソウは変幻自在で、山菜採りの上級者すらまんまと騙して中毒を誘う。生半可な知識はまるでアテにならぬのだ。

　ただ「花の姿」は誰でも区別できる。この時期に本種がいる場所を覚え、避ける。

アマドコロ
Polygonatum odoratum var. *pluriflorum*

北海道〜九州に分布する多年生。開花は4〜5月。茎はひょろりと「1本立ち」して優しくしなだれる。茎には縦方向に細い「4本の筋」が隆起し、指先で触ると明らかな引っかかりを感じる。花は釣り鐘状で、花びらに「切れ目は見えない」。新芽はぽっちゃりと「太め」。

ナルコユリ
Polygonatum falcatum

本州〜九州に分布する多年生。開花は5〜6月。茎は「1本立ち」し、しなだれる。葉の幅はササの葉のように狭く、茎を触るとツルツルして「丸い」。花びらには「切れ目は見えない」。本種もつぼみと花には甘味があって美味。山菜として珍重される新芽は「か細い」。利用方法はアマドコロと同じ。

ホウチャクソウ
（イヌサフラン科チゴユリ属）
Disporum sessile

北海道〜九州に分布する多年生。開花は4〜5月。身近なヤブ、草地、雑木林などに「とても多い」ので注意したい。茎は「上部で枝分かれ」して「Y字型」になることが多いが「1本立ち」してしなだれるタイプ（写真・上段右）もしばしば出現する。茎を触ると片側だけに「1本」の隆起があることが多い。新芽の時期は「2つの形」がある。ちいさなうちに葉を開くタイプと、アマドコロやナルコユリの新芽のように「筆状」になるものがある。後者の場合、見た目での区別は困難で非常に危険。太い筆状の新芽を見つけたら、まわりを見て、ちいさなうちに葉を広げる新芽があれば、そこはホウチャクソウのコロニーとなるため採取を避ける。

花は「花びらに深い切れ目」が入る。この時期に生息地を知っておくことが最重要。

シソ科オドリコソウ属

ヒメオドリコソウ

Lamium purpureum

性質 越年性

分布 ヨーロッパ原産

開花期 3〜5月

収穫 地上部……2〜5月

食用 天ぷら、お浸し、和え物など

🌿 味見が愉しい道草です

"踊り子草"という名は花の姿に由来する。ピンク色した愛らしい花が「笠をかぶった踊り子の姿」に見立てられたという。

ヒメオドリコソウ（姫踊り子草）は身近でよく見る種族で、丘陵に多いオドリコソウと比べると小柄なので"姫"がつけられた。

その姿は五重の塔かお祭りの櫓（やぐら）のようで、てっぺんの葉だけを濃厚な赤紫色に染め上げる。とてもユニークで美しい装いがよく目立ち、身近な道ばたではしゃぐように咲き誇る。

本種は装飾センスも個性的だが"風味"も大変ユニークだ。似たものがなく、喩えようもないが、天ぷら、お浸しで試食すればその味にちょっと驚く。なかなかの美味だがたくさん食べたいとは思わない。

🌿 味見もビミョーなお仲間も

見た目が似ても、風味は似ても似つかない。

丘陵、山すそ、山地にはオドリコソウたちが住む。とても美しいが、きわめてマズい。薬草として使われることがあるけれど、刺激性が強く、安易な利用はかえって身体を損なう恐れがある。つまり利用はあくまで観賞だけ。ホトケノザは、ヒメオドリコソウと同じくらい身近に多い。花のフォルムはそっくりだが、葉の形が違い、茎もひょろひょろと長く伸ばす。海外では広い地域で食用とされるが、食感がゴワゴワして素気なく、日本人好みではない。ちなみに"春の七草"や"七草粥"に登場するホトケノザはP.80の別種である。余談ながら、ヒメオドリコソウとホトケノザの"中間種"みたいな子が各地で拡大中。みなさんの町にも、ひょっとすると──。

ヒメオドリコソウ
Lamium purpureum

ヨーロッパ原産の越年生で全国に帰化。開花は3〜5月。草丈は10cmほどと小柄でピンと直立する。てっぺんの葉を赤紫に染めるのが通例だが緑色の個体もある。葉の縁にギザギザした鋸歯があるけれど、ごく浅く、目立たない。葉の表面に浮かぶ葉脈が「細かく網目状になる」ため非常にシワシワして見える。ごく稀に白花もあり、これが非常に愛らしい。

オドリコソウ
Lamium album var. *barbatum*

北海道〜九州に分布する多年生。開花は4〜6月。おもに山地で出遭うが都市郊外の丘陵や山すそにも出現する。草丈が40〜50cmと大柄に育ち、花もぶりっと大きめ。花色は濃厚なピンク系が普通で、幸運な人は淡いクリームイエローの美麗な個体と出遭うことができる。食用には不適で薬用も専門家の指導の下で。

ホトケノザ
Lamium amplexicaule

全国に分布する越年生。開花は11〜6月。ヒメオドリコソウと似るが、茎をひょろひょろと長く伸ばし、斜め上に立ち上げる。葉のつき方もまばらで、形もまるっこい扇形。食用にできるが「可能である」という程度で喜びは少ない。一方、花を摘んでつけ根の部分を吸うと甘い蜜を愉しめ、野遊びの相手としてなら最高。ごく稀に白花もある。

モミジバヒメオドリコソウ
Lamium hybridum

ヨーロッパ原産と思われる越年生。本州〜九州で局所的に報告される。開花は11〜7月。ヒメオドリコソウとホトケノザがかけあわさった雑種と推定される。ヨーロッパから持ち込まれたとする説、日本で自然交雑したものが広がったとする説がある。特徴は花色が淡く、葉にやや深めの切れ込みが入る。また葉脈はシンプルで「細かい網目状」にならない。利用の安全性は不明。

シソ科カキドオシ属

カキドオシ

Glechoma hederacea subsp. *grandis*

性質 多年生

分布 北海道〜九州

開花期 4〜5月

収穫 葉……3〜11月
花……4〜5月

食用 天ぷら、お浸し、和え物、炒め物、
ハーブティーなど

🌿 香り豊かな美肌のハーブ

　カキドオシ（垣通し）という名は、この植物の変わった習性に由来する。植物の多くは、十分に育ってから花を咲かせ、タネをまき、一年の仕事を終える。ところが本種ときたら、ちいさなうちに手早く開花を済ませ、タネもつけず、花を落とす。すると俄然やる気をだして、地面を這いまわりながらどんどん伸びる。終には垣根すら越えて伸びてゆく様子がその名の由来。彼女らの人生哲学はかなり変わっているのだ。

　この葉には濃厚な芳香が宿り、ハーブティーや野草料理で親しまれる。好きな人にはたまらないけれど、実際には苦手な人も多い。

　ひとたび試して懲りた人は、外用として活用するとよい。「香りのよい傷薬」として優秀で、身体にあえば毒虫刺されの応急処置として炎症や痛みを和らげてくれる。

　入浴用としてもすばらしく、古来、あせもや湿疹の予防・改善に妙効が知られてきた。フットバスでもやわらかで風雅な香りが立ち、とても心地よく、防臭・殺菌も期待できる。

　本種はしばしば次項のツボクサと取り違えられる。本種の茎は「四角」で、葉を揉むと「強い芳香」がある。

セリ科ツボクサ属

ツボクサ

Centella asiatica

性質	多年生
分布	関東〜琉球
開花期	5〜8月
収穫	葉……随時
食用	ハーブティー、炒め物など

アンチエイジングの旗手は混沌

ゴツコラもしくはゴツコーラの名で大流行する薬草。標準和名はツボクサ（壺草・坪草）で、「坪（＝坪庭）に生える」という意。どこの庭にも生えてくるわけではなく、野生種の自生はおもに沿岸地域である。

美肌・健康維持・記憶力の増強など、アンチエイジングなら「なんなりと」的な宣伝が横行するが、宣伝写真がそもそもツボクサでなかったり、「専門家からすすめられたのですが」と見せてもらえば「それ、カキドオシです」というぐあいに、企業とか専門家の方々自体、いろいろある。

効能の真偽のほどはみなさまの審判に委ねるとして、お味のほどは「飛び上がるほどエグくて苦い」。東南アジアでは野菜感覚で鍋物に入れるが、とてつもなく苦い。本物のツボクサを見分ける方法は、知れば実に簡単である。

まず「茎を触ると丸い」。

次に「葉を揉んでも芳香はない」。

葉を揉んだり、軽くちぎったとき、強い芳香があればカキドオシ。ほのかにセリのような香りがしたらチドメグサの仲間（P.115）。正しいツボクサを採取したら、ひとまず「そのエグいまでの苦味」をお試しあれ。

マメ科ソラマメ属

ヤハズエンドウ

Vicia sativa subsp. *nigra*

性質 1〜越年生

分布 本州〜琉球

開花期 3〜6月

収穫 葉……12〜4月
花……3〜6月
豆果(未熟)……4〜6月

食用 葉：天ぷら、お浸し、炒め物
花：生食、トッピング用
豆果：茹で料理(味見程度で)

茎葉がおいしいマメの味

世界に広く分布し、古代ギリシヤ・ローマ時代の文献にも食用種として登場する野草。

ヤハズエンドウ（矢筈豌豆）は、葉の先端がちょこっとヘコむ。その様子が弓矢のてっぺん（ツルに引っかける部分。ツルにかけるためわずかに削られている）を思わせることに由来する。長いことカラスノエンドウの名で親しまれてきたが、近年、標準和名はヤハズエンドウに変更された。

身近な道ばた、荒れ地、草地にごく普通で、特に「まるっこいピンクの花」がよく目立ち、たちまち本種とわかる。

「開花前」の茎葉がとてもやわらかく、ナマでも食べられるほど。軽く塩茹ですると、これが道ばたの雑草かと思うほどすばらしい味にきっと驚く。

魅惑のマメの落とし穴

開花すると茎葉は途端に硬くなる。けれどもやわらかな部分だけを選んで摘めばおいしい。未熟なマメも、スナップエンドウの要領で塩茹ですれば1品に仕上がる。マヨネーズをつけて口に運べば、まさにエンドウマメのそれ。ただしマメにはジシアンなどの有毒成分が含まれる。アメリカの実験では茹でることでほぼ無毒化できた（J. G. Tatake, C. Ressler.,1999）と報告する。軽く炒めるだけでは減毒は不十分で、炒める前にかならず茹でる。おいしくても味見して「おもしろい!」くらいで満足したい。身近にはお仲間も多く、葉姿もそっくりだが、花と結実がまるで違うので区別は簡単。

注意が必要なのはハマエンドウ。おいしそうな名前だし、実際に食べる人もいるが、この仲間は強めの神経毒を生産するのである。

ヤハズエンドウ
Vicia sativa subsp. *nigra*

本州〜琉球に分布する1〜越年生。開花は3〜6月。花は大きめでまるっこく、色はピンク系。茎葉の合間からチラホラとしか咲かせぬが、意外とよく目立つ。豆果は細長く伸び、完熟すると真っ黒になる。なかのマメは5〜10個。群落になるので見つけやすく、収穫もしやすい。覚えておけばとても有用。

スズメノエンドウ
Vicia hirsuta

本州〜琉球に分布する1〜越年生。開花は4〜6月。花は極小で、身を寄せあうように密集して咲かせる。花色は淡い水色がかった白色。葉はヤハズエンドウに比べると小型で、細長い傾向がある。豆果もコンパクトで、なかのマメは2〜3個ぽっち。本種の茎葉も食用可だが独特な後味が残るため好き嫌いが分かれる。

カスマグサ
Vicia tetrasperma

本州〜琉球に分布する1〜越年生。開花は4〜5月。花は極小で、ごくごくまばらに咲かせる。花色が特徴で、大変美しいツートンカラー。葉は細長く、ややまばらにつける。豆果に入るマメの数は3〜6個ほど。本種の生息地は飛び飛びで、見つからない地域もある。食用可だが、収量が少なく食べ応えもない。

ハマエンドウ
（マメ科レンリソウ属）
Lathyrus japonicu

全国の海辺に分布する多年生。開花は4〜5月。海浜地帯に生息するが、内陸でも園芸目的で栽培される。全体的に白っぽく、葉もまるっこい。花色は赤紫と白のツートンカラが基本（変化あり）。本種が属するレンリソウ属はほぼ有毒種。「食用可」の情報には細心の注意が必要。

マメ科ソラマメ属

ナヨクサフジ

Vicia villosa subsp. *varia*

性質 1〜越年生

分布 ヨーロッパ原産

開花期 4〜7月

収穫 葉……3〜7月
花……4〜7月

食用 葉：天ぷら、お浸し、和え物、
炒め物、パスタの具など
花：トッピング用

🌿 その実力、あなどりがたし

ここでご紹介する仲間たちも、ヤハズエンドウと同じソラマメの仲間である。「つまり喰えるのか」、「結局ウマいのか」と問われたら、答えはもちろんYES。ただ注意点がある。

ナヨクサフジは"弱草藤"と書く。日本には"草藤"という在来種がおり、花色が藤色であることに由来する。これに比べてナヨナヨしているから──と命名されたようだが、とんでもない。ナヨナヨどころか屈強な支配者で、全国各地の草むらを埋め尽くす勢い。初夏、国道沿いや河川敷をラベンダー色に染めあげるお花畑が出現する。それこそが本種が成し遂げた偉業の成果。美しい花、やわらかな茎葉は、まるでクセがなく、使い勝手がよい食材となるのでせっせと摘んでみたい。ただ「加熱調理は必須」となる。

🌿 相性いろいろ。お酒は最悪

右ページに挙げた上から3つの種族は、すべて牧草や緑肥用として世界中で大活躍する優れもの。アメリカ農務省も「果樹園や菜園に植えるとよい」と評価。つまり雑草除けに最適なほか、土壌の保水、栄養分の供給源として優秀な成果を発揮するというもの。

非常に有益な生き物であるため、研究対象になることも多い。そこで判明したのが有毒成分の存在。いくつかの青酸化合物を含むため、長めに水に浸けて置いたり、加熱する（茹でる）ことが不可欠。こうして減毒すれば過剰摂取でもしないかぎり安全圏にとどまれる（ただし相性の個人差はある）。ちなみに飲酒との相性は最悪。シアナミドという成分を含み、少量のアルコールで最悪の悪酔いを誘う。水に溶けやすいので茹でて減毒するとよい。

ナヨクサフジ
Vicia villosa subsp. *varia*

ヨーロッパ原産の1〜越年生。開花は4〜7月。各地の道路沿い、荒れ地、河川敷で大群落となっている。花色は濃厚なグレープ色〜淡いピンク(変化が多い)。「雑草除け」の実力は野原を見れば一目瞭然。一面を埋め尽くす。有毒成分はマメに多いが、全草にも少なからず分布する。よく水に浸し、かならず茹でてから利用したい。

ナヨクサフジモドキ
Vicia villosa subsp. *eriocarpa*

ユーラシア原産の1〜越年生。開花は4〜7月。特徴はナヨクサフジとほぼ一緒。「豆果の表面に毛が生える」ところが違う。見た目はそっくりだが学名にsubsp(亜種)とあるように、血縁は意外と遠めで同じように使えるとはかぎらない。本種はあくまで農業・酪農・園芸用資材であり、海外でも食用とされていない。

ビロードクサフジ
Vicia villosa subsp. *villosa*

ヨーロッパ原産の1〜越年生。開花は5〜8月。見た目は「上記2種」とそっくりだが、全草(特に花茎)によく目立つ毛が密生する。牧草や緑肥用として盛んに利用され、牧草地や果樹園のまわりなどでしばしば野生化する。本種も食用にされることはなく、安全性の詳細も不明。

クサフジ
Vicia cracca

北海道〜九州に分布する多年生。開花は5〜9月。本州の温暖地では丘陵や山地でごく稀に見つかる珍品だが、寒冷地なら河川敷や草むらで大株となり、一大群落を築いている。花色は「青ざめたような冷たい青」から「淡い水色」。本種はおいしい野草として愛され、やわらかな茎葉や花穂が食用とされてきた。

マメ科ゲンゲ属

ゲンゲ (レンゲ)

Astragalus sinicus

性質	越年性
分布	中国原産
開花期	4～5月
収穫	葉……3～5月 花……4～5月
食用	葉：天ぷら、お浸し、和え物 花：天ぷら、トッピング

浮世に漂うちいさな蓮華

この生き物に思うことは多い。まず"ゲンゲ"という変わった名前の由来だ。ゲンゲといっても多くの人はピンと来ない。レンゲ、レンゲソウといえばこの可愛いらしい花が思い浮かぶだろう。かつてはレンゲソウ（蓮華草。この花が輪を描いて咲く様子が蓮華の花を思わせるため）と呼ばれていたが、近畿地方をはじめ一部の地方で音が変化しゲンゲバナやゲンゲと呼んだ。これが標準名に採用されたが、その理由が不明なのだ。

土を肥やす緑肥として田んぼや畑で育てられ、満開となった花畑は実に見事。ところが浮世の流行に左右されがちで、たまに大流行したかと思えばすぐに廃れる。飽きやすい人間に呆れてか、近年、すっかり姿を消した地域も多い。

意外な味もゲンゲの魅力

たまに見かける野生化したゲンゲの若葉はとてもおいしい。やわらかく、優しいマメの風味が魅力。ゲンゲ特有の味を愉しむならシンプルな料理（天ぷら、お浸し、和え物）がオススメ。お味噌汁の具、炒め料理、パスタ料理などに絡めると彩りも華やかでおいしい。よく似たもので、身近で見るのはシロツメクサ、ムラサキツメクサである。牧草用や都市の緑化用植物に愛用され、全国に広がった。ゲンゲと同様、ミツバチの蜜源植物として注目される機会も多い。シロツメクサ、ムラサキツメクサの全草を食べる人もいるが、「花の天ぷらを少量」とか「茎葉は試食程度に」。かつて本種らが原因で家畜の胎児に奇形を誘発すると問題視されたことがある。近年、続報や注意喚起は見られぬが、口にするものは慎重に。

ゲンゲ
Astragalus sinicus

中国原産で各地で栽培され野生化もする越年生。開花は4〜5月。鮮やかなピンクの花をボンボリ飾りのように咲かせる。田畑のまわりで野生化するが、放置すると消えてしまう。やわらかな茎葉を軽く塩茹でして、お浸し、和え物、炒め料理にするとおいしい。

シロツメクサ
（マメ科シャジクソウ属）
Trifolium repens

ヨーロッパ原産で全国に分布する多年生。開花は5〜8月。高原の牧草地から大都会の道ばたまで広く見られる。茎が無毛で葉の表面に白いV字模様を浮かべる。変異が多く、葉が著しく巨大化するものがあり、これをオオシロツメクサとして区別する見解もある。食用には飾りや味見程度に。

モモイロシロツメクサ
（マメ科シャジクソウ属）
Trifolium repens f. *roseum*

特徴や性質の基本はシロツメクサと同じだが、花穂の全体が明らかに「淡いピンク色」になる。少し前までは「稀に見られる」とされたが、近年はシロツメクサのまわりでしょっちゅう見かける。色彩には濃淡があり悩ましいが、ピンク色が花穂全体に広がっていたら本種であろう。食用は試食程度で。

ムラサキツメクサ
（マメ科シャジクソウ属）
Trifolium pratense

ヨーロッパ原産で全国に分布する多年生。開花は5〜8月。別名のアカツメクサでご存じの方も多い。ごくまれに白花種（セッカツメクサ）が出現する。見た目はシロツメクサとそっくりだが、ムラサキツメクサとそのバリエーションには、茎と葉裏に「目立つ毛が密生する」ので区別は容易。これを覚えておくと花がない時期でもシロツメクサと区別できる。本種も試食程度がよい。

スミレ科スミレ属

タチツボスミレ

Viola grypoceras var. grypoceras

性質 多年生

分布 全国

開花期 3〜5月

収穫 葉……3〜5月
花……3〜5月

食用 葉：天ぷら、お浸し、和え物
花：サラダ、酢の物、デザート

🌿 春のプリンセスを食卓に招く

春の散歩道はとても愉しい。ちいさな花々が生きる悦びを謳歌するようにとても愛らしく咲き誇る。とりわけスミレたちの競演は優雅。都市部や宅地ではたくさんのスミレが咲き誇り、なかでも花色が澄んだ淡い空色をしていたら、きっとタチツボスミレの仲間だろう。

立坪菫（または立壺菫）と書き、坪は庭のことで、庭に生え、茎をしっかり立ち上げて咲くスミレの仲間という意味。

本種はたくさんの葉をつけ、花数も多め。やや日陰で湿り気がある場所を好み、こうした場所では群落になることも。この葉は天ぷら、和え物などで愉しむことができ、愛らしい花も軽く洗えば生食できる。料理やデザートにそっと添えるだけでも豪華さがケタ違い。いつもの食卓が絢爛な宴に一変。

🌿 プリンセスたちの護身術

日本にいるスミレの仲間は種類がとても多い。食用にできるスミレはごくわずかなものだけ。

ニオイタチツボスミレは、すばらしい香りをもち、その香気と花姿で察しがつく。食用にできるのは花だけで（デザート向き）、タチツボスミレのように葉は使わない。

スミレも同様で、使うのは花だけ。

身近で食用にする種類はこの3種だけにかぎるのが安全だ。スミレたちはビオリンをはじめとする神経毒や刺激成分をこさえ、昆虫や動物の食害からその身を守る。有毒成分の含有部位や量には差があるけれど、多くの種族は研究すらされていない。この点、身近で爆発的に殖えているアメリカスミレサイシンは全草が食用不可の有毒種。スミレならなんでも大丈夫というわけではないのでご用心を。

タチツボスミレ
Viola grypoceras var. grypoceras

全国に分布する多年生。開花は3〜5月。花色は「淡い空色」で、花びらをしっかり開く。株元から「茎」を立ち上げ、スペード形の葉をつける。お住まいの地域ごとに多彩な変化があり、あるいは別の名をもつ種族であったりする。『増補改訂日本のスミレ(山と渓谷社)』などで調べると愉しい。

ニオイタチツボスミレ
Viola obtusa var. obtusa

北海道〜九州に分布する多年生。開花は4〜5月。花色は「濃い紫」で中心部は「白」。花びらをカールさせるため正面から見ると「まるっこく」見える。ここにきわめて優雅で高貴さに満ちた甘い香りが宿り、とりわけ午前中の早い時間が最高潮。本種も「茎」を立ち上げ、花茎に微細な毛をたくわえる傾向がある。

スミレ
Viola mandshurica var. mandshurica

北海道〜九州に分布する多年生。開花は3〜5月。花色は「濃厚な紫」で中心部の奥だけ「白」。茎はなく、葉はすべて地面から生やす。葉の形はへら状。高貴で麗しい容姿であるが、宅地なら排水溝、市街地なら国道沿いのガードレール下など、住まいの好みは大変変態的。そんな風変わりな生態もまた愛される。

アメリカスミレサイシン
Viola sororia

北アメリカ原産の多年草。開花は3〜5月。各地で園芸用に栽培されるものが逃げだして野生化中。繁殖力は爆発的。写真(左)が'パピリオナケア'。(右)は'プリケアナ'。この名は流通名であり、花色もまるで違うのだけれど、分類学上は「同一種」。こぼれダネのほか根でも殖える。あくまで観賞用の種族となる。

タデ科ソバカズラ属

イタドリ

Fallopia japonica var. japonica

性質	多年生
分布	全国
開花期	7〜10月
収穫	若葉……4〜5月 茎……4〜6月
食用	若葉：天ぷら、ジャムの素材 茎：汁物の具、炒め物、漬け物 ※有害なシュウ酸が豊富。茹でて水に 　さらして減毒する。過食も禁物

痛みを取るか新たに招くか

　全国の道ばた、荒れ地、草地によくいる大型種。夏の開花期は美しい花を星の数ほども咲かせるのでよく目立つ。

　イタドリの名は、一説に「痛み取り」から変化したとある。ケガをしたとき、この葉を「患部にあてがう」と楽になる——と伝わる。そのせいであろう、最近、イタドリの薬効をよく聞かれる。どうやら動画サイトやSNSで「痛みを取る」と宣伝され、神経痛や病気の痛みを和らげると思われ、気軽に使う人が増えた。

　日本でも長く民間薬とされてきたが、生薬学では、咳止め、蕁麻疹の改善、便秘の改善などに用いられ、広汎な鎮痛薬としては使われぬ。さらに本種はシュウ酸を豊富に含み、減毒しないと身体を害し、無用な痛みを招く。

　本種の生薬利用は慎重な態度で臨みたい。

　一方、食材としては、真っ赤な若葉とぶっとい茎が昔から愛される。

　深紅の若葉はジャムの素材に。ルバーブジャムと同じ要領で、爽やかな味を愉しむ。茎はしっかり茹で、水にさらして食べやすいサイズに切れば「甘味があるタケノコ風味」。お味噌汁や炒め物にすると非常に美味。

タデ科ギシギシ属

スイバ

Rumex acetosa

性質 多年生

分布 本州〜琉球

開花期 5〜6月

収穫 茎・葉……ほぼ通年（夏を除く）

食用 茎葉：天ぷら、お浸し、炒め物、
ジャムの素材

※有害なシュウ酸が豊富。茹でて水に
さらして減毒する。過食も禁物

🌿 暮らしに"ほどよい甘酸っぱさ"

人生の、酸いも甘いも嘗め尽くした大人の女性には、この甘酸っぱさが「ほどよい」ようだ。

スイバ（酸い葉）は読んで字のごとし。茎葉をかじると爽やかな酸味がある。別名のスカンポで覚えている人も多いが、イタドリやギシギシをスカンポと呼び習わす地域も結構ある。

お住まいの好み、茎葉の味、利用の方法までがイタドリと一緒。葉のつけ根が「V字形」にとんがるところや花の姿が明らかに違う。個体数もイタドリよりずっと多く、どこにでもいる。

若葉の時期は、ちょっと難しい。イタドリは若葉全体が深紅に染まるので見分けやすいが、本種の若葉は「ほのかに赤っぽい」くらいで、よく似たギシギシ（P.76）と間違えやすい。慣れないうちは「葉のつ

け根がV字形」になったものだけを収穫したい。

本種もシュウ酸が豊富なので、しっかり茹で、少し長めに冷水に浸して減毒する。

水気を切って天ぷら、炒め物に。女性に圧倒的な人気を誇るレシピはスイバジャム。イタドリジャムと肩を並べる人気ぶりだが、そもそもルバーブジャムが苦手なわたしにはそのよさも違いもまるでわからぬ。

タデ科ギシギシ属

ギシギシ

Rumex japonicus

性質	多年生
分布	全国
開花期	4〜5月
収穫	新芽……10〜4月
食用	お浸し、和え物、椀物の具、炒め物など

※有害なシュウ酸が豊富。茹でて水にさらして減毒する。過食も禁物

🌿 洗練された風雅な味わい

野の風情を愛する人にはうってつけの逸品。晩秋から春にかけて、ギシギシは大きな新芽を次々と伸ばしてくる。これはオカジュンサイと呼ばれ、昔からグルメな人々を虜にしてきた野の佳品である。

ギシギシを漢字で書くと"羊蹄"になるが、これは漢名（中国名）。日本の古名は"之（シ）"で、これがギシギシに変わった理由は諸説あり、茎葉をこすりあわせると「ギシギシと音がするから」というのがある。やってみると本当にギシギシと鳴くからおもしろい。

身近な道ばたや荒れ地で、新芽だけをサクッと切り取り、軽く塩茹でしてから水にさらす。水気をしっかり切ってから、ちょいと醤油を垂らせば、豊かなヌメリと爽やかで奥深い味わいが広がり —— もれなく幸せ。

🌿 試される審美眼

本種もシュウ酸を豊富に含むので、下ごしらえ（茹でて・水にさらす）は必須。食べすぎにもご注意を（腹痛・下痢を招く原因に）。

見た目が前項のスイバと似ており間違えやすい。間違えても同じ要領で調理できるなら一緒じゃないかと思われるやもしれぬ。どっこい、新芽がおいしいのはギシギシの仲間だ。それもギシギシとエゾノギシギシだけ。各地で爆発的に殖えているナガバギシギシは、ヨーロッパでハーブ利用されるが、日本人の体質にあうかは不明。そもそも身体にあわぬと腹痛・下痢を起こしやすくなるので無闇な冒険は控え、しっかり見分けて愉しみたい。この仲間は「結実」で見分けるのが確実。夏の間に見ておけば、秋に同じ場所から新芽をだす。おいしいホンモノだけを選び抜きたい。

結実の違い

<新芽がおいしい種族>		<食用には不向きな種族>	

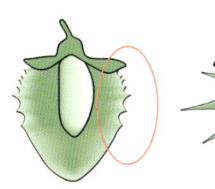

ギシギシ
結実の縁にギザギザした突起がある

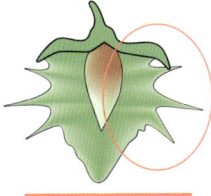

エゾノギシギシ
ギザギザした突起がシャープに尖る

ナガバギシギシ
突起はなくゆるやかに波打つ程度

アレチギシギシ
全体的にちいさくて細長く未熟なうちから赤みが差す

ギシギシ
Rumex japonicus

全国に分布する多年生。開花は4～5月。葉の中心を走る太い葉脈は「淡い緑色」。葉の幅は広く、葉の縁はゆるやかに波打つ。各地で減少傾向にあり、なかなか見つからない地域もある。

エゾノギシギシ
Rumex obtusifolius

ヨーロッパ原産で全国に分布する多年生。開花は5～6月。葉の中心を走る葉脈は「赤み」が差す。葉の裏側の葉脈上に、ギシギシにはない微細な突起が並ぶ（写真右）。身近にとても多い。

ナガバギシギシ
Rumex crispus

ヨーロッパ原産で全国に分布する多年生。開花は6～7月。葉の中心脈は「淡い緑色」。葉は細長く伸び、縁は細かく波打つ。身近で爆発的に増殖しており、多くの地域で優勢なのが本種（または雑種）。

アレチギシギシ
Rumex conglomeratus

ヨーロッパ原産で全国に分布する多年生。開花は6～7月。都会派の種族で大都市圏や市街地の路傍に多い。葉の中心脈は「赤み」が差し、葉の幅は狭く、縁は微細に波打つ。本種は全草が利用されない。

トクサ科トクサ属

スギナ (つくし)

Equisetum arvense

性質	多年生
分布	全国
開花期	(つくし) 2〜4月
収穫	つくし……2〜4月 スギナ……3〜4月
食用	つくし：卵とじ、佃煮、炒め物 スギナ：チヂミの具材、炒め物、 野草茶など

🌿 小春日和の豊かな愉しみ

　大地から「つくし」の坊主頭がもこもことでてくれば、いよいよ春が、と心も躍る。つくし（土筆）という名は古名のツクヅクシが変化したものらしい。“ツク”は「突く」、あるいは「継ぐ」が元になったという。

　さて、つくしを摘むとき、選びながら採っているだろうか。坊主頭が硬く締まり、青緑色したものは苦味があるため、切って捨てる人もいる。一方、胞子を飛ばして坊主頭がスカスカになったものはそのまま調理しても苦味はない。苦味を愉しむ方もあるので、お好みにあわせて収穫してみたい。

　やがて伸びてくるスギナ（杉菜）も食用になり、特に「枝がいまだ閉じた状態」の若芽がおいしい。食感がよく、風味もよくわかる。葉が展開するとボソボソしがち。

🌿 知らぬと“恐い”とんだ伏兵

　スギナは食材として、または健康茶として人気が高い。けれども身体にあわない人が確かに存在することや、子供がアレルギーを起こす事例が知られるため、試すときは少しずつ、様子を見ながら。長期の連用も避け、変調が起きたらすぐに使用を控えるとよい。

　そしてなによりも「本当にスギナであるか」という問題がある。似たものがあること自体、あまり知られていない。

　イヌスギナは、見た目こそスギナとそっくりだけれど、刺激性が強いアルカロイドを生産する「毒草」。多くは湿地や田んぼなど、スギナ採りなどしないズブズブの場所に住んでいるのだが、たまに宅地や空き地などでも見かけるのでおそろしい。これを機に覚えて、身近な人にもお伝え願いたい。

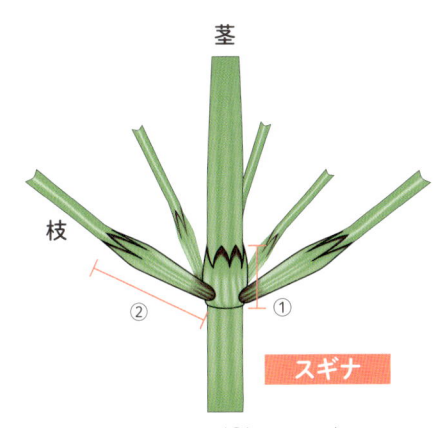

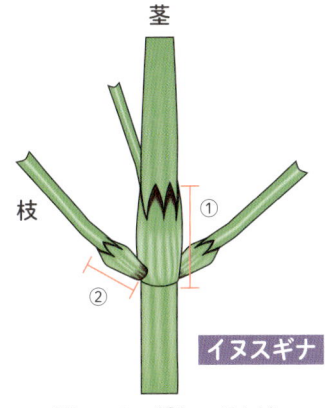

茎

枝

スギナ

「茎のハカマ（①）」の長さが
「枝のハカマ（②）」よりも「短い」

茎

枝

イヌスギナ

「茎のハカマ（①）」の長さが
「枝のハカマ（②）」よりも「長い」

スギナ
Equisetum arvense

全国に分布する多年生。同じ根茎から早春はつくしをだし、続いてスギナを伸ばしてくる。つくしは胞子をまき散らすが、胞子から育つことは滅多になく、根茎で殖えてゆく。2億年前から姿と生態を変えていないという、ほぼ完成された「生きた化石」である。

ミモチスギナ
Equisetum arvense f. campestre

全国のスギナの群落で、たまに見つかる変わりダネ。スギナを生やしたあと、そのてっぺんにちっこいつくしをちょこんと乗せる。スギナの一品種で愛嬌たっぷりのおもしろい子であるが、次のイヌスギナとそっくりなので採取は避けておきたい。

イヌスギナ
Equisetum palustre

北海道〜近畿に分布する常緑の多年生。池沼、湿地、田んぼなどの水辺に育つ種族だが、宅地周辺にも出現し、開発工事で突発的に発生することも。スギナのような姿で、てっぺんにつくしを乗せる。中毒はおもに家畜に起きるが人体への影響も懸念される。識別にはハカマを見れば簡単。

キク科ヤブタビラコ属

コオニタビラコ

Lapsanastrum apogonoides

性質	越年性
分布	本州〜九州
開花期	3〜5月
収穫	葉……1〜3月
食用	七草粥、天ぷら、炒め物など

いまや希少な "幻の味"

春の七草や七草粥で登場する "ホトケノザ" とは本種である。いまの標準和名がコオニタビラコ（小鬼田平子）であるがゆえ、混乱する人が多い。デパートやスーパーで七草粥セットが登場するが、いまだに本種ではなくシソ科のホトケノザ（P.81）が使われたりする。とても残念なことに、「知らないことが悪い」わけでは決してなく、むしろどちらを食べても大差ないという "事実" が物悲しい。

タビラコ（田平子）とは、田んぼに生え、葉を平べったく広げる「ちいさな草」という意味。コオニタビラコは、その葉を放射状に美しく広げるので別名を "仏の座" という。

早春、この若葉を摘み、七草粥に入れる。味はちっともウマくない。食感も悪い。薬用にもされぬ。ちっこいので摘むのも面倒だ。

よりよい選択、ありマス

なにが食用でどれがダメかという "基準" は、有害性が明らかな場合を除き、おもしろいくらいハッキリしない。コオニタビラコの立ち位置も微妙で、食べられるがウマくない。しかし近年、めっきり数を減らし、いくら探せども「見つかりません」と嘆く人も多い。この子の特徴は、味よりもむしろ "その存在" が熱愛される。

一方、コオニタビラコだと確信して摘んだものが、実はヤブタビラコであるケースも多い。草地や宅地のまわりで見つかるのはヤブタビラコだ。食用としてわざわざ採る人は滅多にないが、食べられる。実際、味のほどはコオニタビラコと大差ない。

身近にはオニタビラコという仲間もいて、こちらは生薬として優秀で、なんと味もずっとよい。見る機会は多いのでぜひお見知りおきを。

コオニタビラコ
Lapsanastrum apogonoides

本州～九州に分布する越年生。開花は3～5月。田んぼのなか、畦道、水路のまわりなど湿った場所に多い。土のすぐ上で花を咲かせるのが大きな特徴。また「全草がほぼ無毛（目立たない微毛はある）」。見た目は地味ながら、この生き物を「可愛い！」と熱愛する人々が多数。出遭う機会は少なめ。

ヤブタビラコ
Lapsanastrum humile

北海道～九州に分布する越年生。開花は4～6月だが温暖地では冬も咲く。市街地や宅地の花壇、側溝などに多く、田んぼのまわりにもいる。見分けのポイントは「葉柄に目立つ毛があり」、葉の先端部が「五角形状」になること。花茎を伸ばして花をつけることが多い。食用にする人もいるが、さしておいしくはない。

オニタビラコ
（キク科オニタビラコ属）
Youngia japonica

全国に分布する多年生。開花は4～10月。市街地から里山まであらゆる場所にいる。葉を大きめに展開し、その中心部から「ほぼ直立した花茎」を何本も立てる。アカオニタビラコ（写真・左）とアオオニタビラコ（写真・右）に分けるが、どちらも食用可で流行性感冒や食中毒の予防・改善の民間薬とされてきた「食べやすい名薬」。

ホトケノザ（シソ科オドリコソウ属）
Lamium amplexicaule

全国に分布する越年生。開花は11～6月。本種がホトケノザ（仏の座）と呼ばれるのは、まるっこい葉が対になってつく様子が「仏様が鎮座する蓮華座」を思わせることから。別名（方言など）でホトケノザと呼ばれる種族はいくつもあるが、標準和名でホトケノザといえば本種だけを指す。

カタバミ科カタバミ属

カタバミ

Oxalis corniculata

性質	多年生
分布	全国
開花期	4〜10月
収穫	葉……2〜10月 花……4〜10月
食用	葉：天ぷら、和え物、漬け物 花：トッピング

🌿 小型シュウ酸製造所

　人が開拓した場所ならどこにでも。どこからともなく湧いてくる生き物たちである。

　カタバミは片喰と書く。陽が落ちると葉をひたりと閉じるが、このとき片方の葉が欠けて見えることに由来する。

　学名の*Oxalis*はギリシャ語の「酸っぱい」に由来し、本種を食べると確かに酸っぱい。

　本種とその仲間たちは、いずれも大量の"酸"を製造するのに忙しく、シュウ酸、クエン酸、酒石酸などをこさえては身体に溜め込み、しばしば根からも放出する。この酸は石やコンクリートを溶かし、そこに含まれる栄養素や必須ミネラルを分離させ、根からの吸収をたやすくする。このすばらしいアイデアと技術により、いまや世界中をその支配下に治めている。

🌿 どれもコレもがクセものです

　野草料理の世界では、この仲間も食用とされ、さまざまなレシピが紹介される。しかし本書では「葉と花は、あくまで少量。お飾り程度がよい」という立場である。それくらいシュウ酸をはじめとする刺激物質の宝庫であり、単純な下ごしらえではとても減毒しきれない。そこで酸い味をちょっと愉しめる程度に「料理に添える」くらいがちょうどよく、お浸しや炒め物で「しっかり食べる」のは避けたほうが賢明とお伝えしておきたい。

　右には身近で見られるおもな種族を挙げた。ムラサキカタバミ、イモカタバミも食用として人気があるけれど、やはりシュウ酸の保管庫であり、安易な利用は身体（特に腎機能）に負担をかける。花や葉をトッピングで愉しむなど、控え目な利用がよい。

カタバミ
Oxalis corniculata

全国に分布する多年生。開花は4〜10月。葉はハート形で、3枚がワンセットになってつく。茎は地面を這いまわり、花茎だけをちょんと立ち上げる。花は明るいレモンイエローの単色。市街地のあらゆる場所に適応してみせる異能の持ち主。

アカカタバミ
Oxalis corniculata f. rubrifolia

全国に分布する多年生。開花は4〜10月。カタバミの小型版で、葉の色が「紅く」なり、花の中心部にうっすらと紅いリングを浮かべる。葉の紅色が薄いタイプはウスアカカタバミという。どちらも乾燥気味の側溝や歩道の隙間などに多い。

オッタチカタバミ
Oxalis dillenii

北アメリカ原産で全国に分布する多年生。開花は4〜10月。強大な繁殖力を誇る帰化種で「茎を立ち上げて開花」するのが特徴。葉を同じ場所から2本以上だすのがよい目安（カタバミは1カ所から1本）。本種は利用されてこなかった。

ムラサキカタバミ
Oxalis corymbosa

南アメリカ原産で全国に分布する多年生。開花は5〜7月。花色は「ピンク系」で花の中心部が「白っぽく」なる。タネはつけないが鱗茎で爆発的に殖えてゆく。本種も葉と花が食用とされるが、シュウ酸がきわめて豊富なため控え目な利用が望ましい。

イモカタバミ
Oxalis articulata

南アメリカ原産で全国に分布する多年生。開花は4〜9月。花色は「濃厚なピンク系」で花の中心部も「濃いピンク」のためそっくりなムラサキカタバミと区別できる。地下にできる鱗茎の姿がイモを思わせるためこの名がある。本種もシュウ酸が豊富。

キク科コウモリソウ属

モミジガサ

Parasenecio delphiniifolius

性質 多年生

分布 北海道〜九州

開花期 8〜9月

収穫 若葉……4〜6月

※葉面の毛が目立つものを収穫。葉は成長につれて毛が目立たなくなり（写真下）、するとトリカブトと間違えやすいため見慣れぬうちは収穫を避ける

食用 天ぷら、お浸し、炒め物、椀物、スープの具など

めくるめく野趣の七変化

別名の"シドケ"、"キノシタ"で知られる有名な山菜。シーズンになると広い地域で販売される。

春の若芽をお浸しで食べると、噛むほどにその香味は変化する。セリ、フキ、ヨモギを思わせる野趣が次々と湧きあがり、舌先から心までをも躍らせる。ユニークで野生種ならではの香味を求める人にはたまらない佳品。

丘陵や山地の、湿り気がある斜面、道ばた、林内などに住み、しばしば群落となっている。

とりわけ美味なのが「葉が開く前」。くったりと葉をすぼめた状態が歯ざわりと香味が最上級で、株元から収穫する。葉を広げた若葉も十分おいしいのでしっかり採っておきたい。

天ぷらも大変おいしいが、軽く塩茹でしてお浸し、汁物の具にするだけで、もう夢見心地。

本種の大きな特徴は、若葉の表面に毛がたくさん生えていること。また収穫時にセリにも似た強い香りがあることを確かめたい。

おいしいけれど本章の最後にもってきたのは、本種とトリカブトを間違える事故が散発するため。トリカブトの葉の表面は「無毛」で、香りも「青臭い」だけである。

summer

夏 の 野 草

日本の四季は、
夏の美味をも豊富に育てる。
初夏から始まる、
道ばたの銘品探し。

ツユクサ科ツユクサ属

ツユクサ

Commelina communis

性質	1年生
分布	全国
開花期	6〜9月
収種	茎・葉……5〜6月 花……6〜9月
食用	お浸し、和え物、炒め物、椀物、サラダ、パスタ料理

“儚い”わりに“しぶとい”あの子

ツユクサはもともと“ツキクサ（付草）”と呼ばれていた。この花の液汁で繊維を染めたことに由来する。やがて音はそのままで“月草”に変化し、近世の風流な人の手にかかり“露草”となった。この透明感にあふれた美麗な青い花は、開花しても足早に萎んでしまう。さながら朝露のような儚さを思わせるので“露草”と呼ばれるようになった。

ところが農家や園芸家の目には強敵あるいは暴君に映る。ほかの植物を押しのけて大帝国を築いてしまうからだ。どれほど綺麗に駆除しても、続々と、絶え間なく湧いて伸びてキリがない。超しぶとい。

一方、野草料理という別世界ではおいしい野草として燦然と君臨する。なめらかな口当たり、クセのない食べやすさが魅力。

「万能すぎる」という問題

雑多な草むらにあって、見分けるのも簡単。初夏、澄み渡る紺碧の青空を映したような花色がよい目印。大きなネズミの耳を思わせるチャーミングなフォルムもひときわ目を惹く。

ササを思わせるツヤツヤした葉も覚えやすく、たいていコロニーになっているのでいっそう目立つ。おいしいのは「開花前」の茎と葉。やわらかな部分を選んで手折り、軽く塩茹で。冷水で身を引き締め、水気を絞ったらお浸し、和え物、酢の物に。爽やかでヌメリがある、食欲をソソる食感が魅力的。クセは驚くほどなく、青臭さすらない。野草入門者には最適の一品だけれど、一方で「万能すぎて、物足りない」という贅沢な煩悶もある。

身近にはよく似た別種もいるので、しっかり見分けて愉しんでみたい。

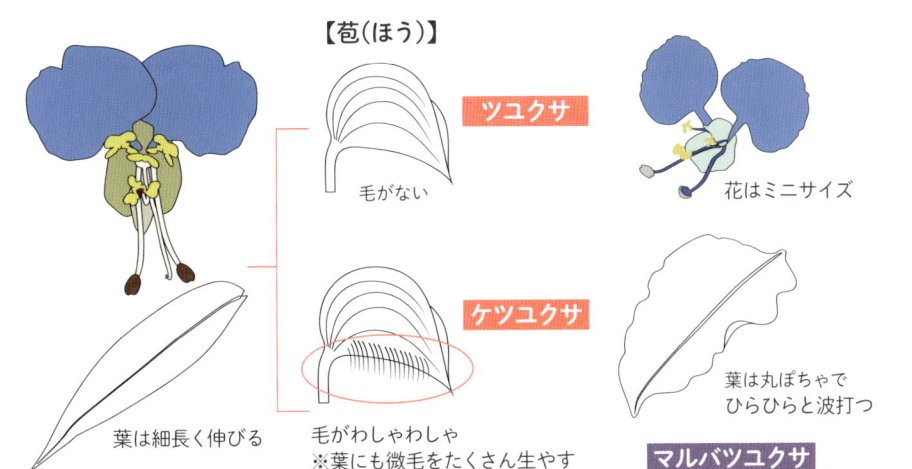

【苞（ほう）】

ツユクサ
毛がない

ケツユクサ
毛がわしゃわしゃ
※葉にも微毛をたくさん生やす

葉は細長く伸びる

花はミニサイズ

葉は丸ぽちゃで
ひらひらと波打つ

マルバツユクサ

ツユクサ
Commelina communis

全国に分布する1年生。開花は6〜9月。ササに似た細長い葉は肉厚でツルツルする。茎も無毛でツヤツヤし、やわらかな部分は歯ざわりもよくおいしい。茎ごと収穫して愉しめる手軽さがよい。花が咲くと全草が硬くなる。花も利用できるので料理やデザートに飾ってみたい。

ケツユクサ
Commelina communis f. *ciliata*

全国に分布する1年生。開花は6〜9月。花の後ろ側にある「苞（ほう）」に目立つ毛が生えるタイプ。葉の表面にも目立たぬ毛が密生するため、お浸しで食べるともしゃもしゃする。ゴマ和えにすると擂りゴマとよく絡みおいしいので、和え物や炒め料理向き。

マルバツユクサ
Commelina benghalensis

関東〜琉球に分布する1年生。花期は7〜9月。全体的に毛が多い。葉はぽってりと幅が広くて寸詰まり。花はツユクサとそっくりだが、サイズが極小。地下の根でも開花・結実するので増殖速度が滅法早い。東南アジア圏で食用・薬用されるが日本での一般利用なし（S. M. Raquibul Hasan et al.,2009 ほか）。

マメ科クズ属

クズ

Pueraria lobata subsp. *lobata*

性質	ツル性の多年生
分布	北海道〜九州
開花期	7〜9月
収穫	ツル先……5〜7月
	つぼみ・花……7〜9月
食用	ツル先：お浸し、炒め物
	つぼみ・花：天ぷら、和え物

巨大な製薬工場群

　葛粉や葛根湯の原料となる有名な植物であるが、道ばた、荒れ地にいくらでもいる。

　"吉野葛"は葛粉のなかでも最高級品で価格も高いがおいしさも段違い。生産地である奈良県大和地方はかつて「国栖（くず）」と呼ばれ、古来、葛粉を生産・販売してきた。クズの名はこの地名と深い関りがあると考えられている。

　クズの根（貯蔵根と呼ばれる器官）の収穫はパワーショベルを使うほどだが、気軽に愉しめる部分もある。晩春から初夏にかけてツルをたくさん伸ばしてくるので、先端から10cmくらいのツル先を選び、指先で折り曲げる。すると「ポキっ!」と折れる。これがとっても愉しい。茹でて食べればおいしいマメの味。剛毛が密生するが茹でるとまったく気にならない。

　夏に開花する花穂の天ぷらも美味で

有名。

　この花、ちいさな生き物にも大人気で、花の奥底まで団体様が押しあいへしあい。虫取りの手間を省くなら、開花前のつぼみを採取し、これを天ぷらで。食感も心地よく、ちょっと贅沢な一品に。花穂は二日酔い防止の生薬になるほか、テクトリゲニンという成分がお腹の脂肪を減らすと注目される。

スベリヒユ

Portulaca oleracea

- **性質** 多肉系の1年生
- **分布** 全国
- **開花期** 6〜9月
- **収穫** 茎葉……5〜7月
- **食用** 麺類の具材、お浸し、和え物、炒め物、浅漬け、サラダなど

summer

夏の野草

ほとんど夏野菜の道草

食べやすさが抜群で、下ごしらえも簡単。なによりも見つけやすい。ひとたび知れば夏野菜の感覚で使いこなせる道草となる。

全草に毛がなく「なめらか」で、あるいは硬い地面でこれを踏み抜くと「足を滑らせる」のでスベリヒユ（滑りヒユ）となった（諸説あり）。

ツルツルした茎を八方に伸ばし、まるぽちゃの葉をたくさん茂らせる。茎と葉は「肉厚」で、水分、糖類、ミネラル類でパンパンである。

これを軽く塩茹でするとヌメリがでる。醤油、麺つゆとの相性が抜群で、初夏の暑さで食欲が失せたときでも、手軽に用意でき、ツルっと食べることができる。ミネラルがたっぷりなので夏バテ予防に最適。農家では除草がてら本種を抜き、素麺の

具にする。炎天下の激務でヘコたれても「これならおいしく食べられる」と笑う。

本種の特徴は「葉がまるっこく」、「肉厚」であるところ。雰囲気が似ている毒草がいて、そちらは葉が薄っぺらで、茎をちぎったときに「白い乳液」がでる。これを食べると消化器系を痛めてしまう。この乳液は皮膚炎を起こすこともあるので早めに洗い流すとよい。

ベンケイソウ科マンネングサ属

ツルマンネングサ

Sedum sarmentosum

性質 多肉系の多年生

分布 北海道〜九州

開花期 5〜7月

収穫 茎葉……4〜9月

食用 天ぷら、お浸し、和え物、
キムチ漬け、炒め物など

万能な万年ですねん

前ページの「スベリヒユ」と同様、ほぼ野菜感覚で使い倒せる優秀な道草である。多肉質の葉が特徴的で、とても見分けやすい。

ツルマンネングサ（蔓万年草）は、その名のとおり「ツル状になって地面を這いまわる」姿に由来する。"万年草"は、一年を通してずっと葉を茂らせるから。

古い時代に大陸からやってきた種族で、日本では結実しない。代わりにちぎれた茎葉からいくらでも殖えるという豪胆ぶりで、各地の道ばた、河川敷、宅地の周辺でそれは愉しそうに茂り、お花畑になる。

肉厚の茎葉を軽く塩茹ですると大変食べやすい。クセや青臭さはまるでなく、そのままサラダにできるほど。シンプルな和え物やキムチ漬けにしても非常においしい。

ようけ殖えよりまんねん

気をつけるべきは、生息地。おもに交通量の多い道路わき、河川敷の護岸のうえ、住宅地の犬の散歩道などに住まいを構える悪癖があるので、粉塵や煤煙をかむっていることが多い。水洗いや軽く塩茹でするなどの下ごしらえはしっかりやっておきたい。

道ばたには雰囲気が似た多肉系植物がたくさん住んでいて、初めのうちは軽やかに混乱する。本種の特徴は「葉」。肉厚で「先端がとがった葉」を「3枚ワンセット」につける。これだけでも覚えておけば間違うことはないだろう。

収穫シーズンが長く、使い勝手もよいので、道ばたで見かけたら茎からちぎり、自宅の土に挿してもよい。それは見事にあなたの期待どおり、スクスクと育つだろう。花も美麗。

葉は「ひし形状」 葉は「ヘラ状」 葉のつけ根に「ムカゴ」あり

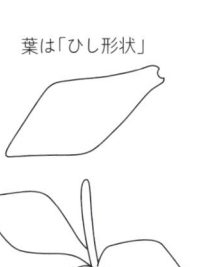
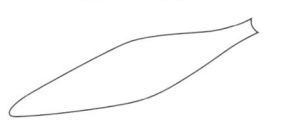
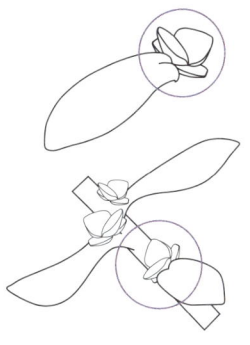

葉は「3枚ワンセット」でつく 葉は「互い違い」になってつく 葉は「互い違い」になってつく

ツルマンネングサ **メキシコマンネングサ** **コモチマンネングサ**

夏の野草

ツルマンネングサ
Sedum sarmentosum

中国・朝鮮半島原産の多年生で各地に広がる。開花は5〜7月。葉姿も特徴的だが「茎が赤くなる」のもよい目安。茎は地を這い、マット状に広がる。石垣や岩場、河川敷などで群落となり、花の時期は見事なお花畑となりよく目立つ。

メキシコマンネングサ
Sedum mexicanum

その名にメキシコとあるが原産地不詳の多年生。おもに関東以西〜九州に広がる。開花は3〜6月。本種の茎は緑色で、しっかり立ち上がることが多い。葉は細長く伸び、茎に互い違いになってつく。宅地周辺や道路わきで派手な黄色いお花畑が出現したら本種の仕事である。

コモチマンネングサ
Sedum bulbiferum

本州〜琉球に分布する多年生。開花は5〜6月。雰囲気はメキシコマンネングサと似るが、茎に「ムカゴ（〇印部分）」をたくさんつけるので区別しやすい。ムカゴがこぼれて殖えるので「子持ち」の名がある。里山に多いが、大都市のビジネス街や国道沿いの花壇でもおなじみの顔。

イラクサ科イラクサ属

イラクサ

Urtica thunbergiana

性質　多年生

分布　本州〜九州

開花期　9〜10月

収穫　葉……3〜10月
　　　茎……5〜7月(開花前)

食用　茎・葉：天ぷら、お浸し、和え物、
　　　　　　浅漬け、炒め物、スープ

パッとしない「華やかさ」

「とにかくおいしい」のひと言に尽きる。とても有名な山菜で市販もされるが、その見た目はちっともパッとしない。だれもが通りすぎるため、お陰で採り放題である。

イラクサは刺草と書くように、茎と葉にちいさなトゲをたくさん生やす。これ、とてもやわらかなのだけれど、触れたら最後、電撃的な激痛にギャッとなる。痛みは潮の満ち引きのように痛んだり治まったりが「数時間以上」も続く。その名の由来もひどくイライラさせられる草なのでイラクサ(異説あり)。

加熱調理をすると、この毒のトゲはまるで無害になる。それどころかうまい。天ぷらが絶品だが、茹で料理、炒め料理、スープに入れても大変美味。香ばしい味わいがたまらず、料理に「華やぎ」をもたらす。

ひとたび覚えれば勝者確定

イラクサには多くの仲間がいて、地域ごとに違う種類が登場する。いずれも痛いトゲで武装するため、収穫のときは皮手袋で守りを固めてから(軍手ではたやすく突破される)。

基本的な特徴は、葉の縁が荒っぽくギザギザすることと、茎や葉にちいさなトゲをたくさん生やしていること。ごていねいにも葉の裏側にも並べ立てるので、迂闊に触れぬよう気をつけたい。丘陵、山すそ、山地にたくさんいるが、地域によっては市街の雑木林、河川敷などでもよく見つかる。見た目が心底パッとせず、初めのうちは見つけだすのに苦労するかもしれない。しかしひとたび見慣れてしまえば、発見はおそろしく簡単。立ち姿にとても独特な雰囲気があるのだ。いまなら採る人が少なく、まんまと美食にありつける機会は多い。

イラクサ
Urtica thunbergiana

本州〜九州に分布する多年生。開花は9〜10月。川沿いや山野に多く、丘陵地では宅地の周辺にも生えてくる。葉の幅は広めで、草丈は50〜100cmほど。全草に淡い緑色のトゲを密生させ、触れると激痛をもたらす。たいてい群落になっているので収穫も楽。開花する前（初夏まで）は茎もやわらかで、これがとっても美味。

ホソバイラクサ
Urtica angustifolia

北海道〜九州に分布する多年生。開花は8〜9月。イラクサと同じ環境に住むほか、平野部の池沼や河原などで群落になっていることも。葉の幅は目立って狭く、ひょろ長く伸ばすのでしばしば垂れ下がって見える。全草にトゲがある点はイラクサと同様だが、痛みの程度は「ややマイルド」。本種もおいしく愉しむことができる。

ミヤマイラクサ
（イラクサ科ムカゴイラクサ属）
Laportea macrostachya

北海道〜九州に分布する多年生。開花は7〜9月。丘陵や山地に多い種族で、葉が目立って大きく、ほぼ円形。本種もトゲだらけで痛みは強烈。とりわけおいしい種族として愛され、「アイコ」の名で市販される（※アイコと呼ばれる種族は地域ごとに違う）。春から初夏の茎葉がとても美味。

ムカゴイラクサ
（イラクサ科ムカゴイラクサ属）
Laportea bulbifera

北海道〜九州に分布する多年生。開花は8〜9月。ミヤマイラクサと同じような環境を好む。道ばたや斜面にポツポツと生えていることが多く、あまり目立たない。葉の縁のギザギザは浅めで、茎は頼りなさそうにひょろりと立ち上げる。トゲは少な目で、その代わりに葉のつけ根にちいさなムカゴをくっつける。本種も美味で有名。

夏の野草

収穫部

キョウチクトウ科ガガイモ属

ガガイモ

Metaplexis japonica

性質	ツル性の多年生
分布	北海道〜九州
開花期	8月
収穫	ツル先……5〜10月

※先端のやわらかな部分が美味

| 食用 | 天ぷら、お浸し、和え物、炒め物など |

🦋 ウマ味と香味が食欲ソソる

　道ばた、草地、荒れ地によくいるツル性の植物。ツルの先端の天ぷらは、多くの方が「おいしい!」と目を丸めるほどのウマ味と香味。つい食べ続けたくなるけれど、少量で満足したい。体調が悪くなってはおもしろくない。

　ガガイモは蘿摩と書くが、古くは"加々美（かがみ）"という。本種は結実期を迎えるとイモっぽい実をぶらさげる。そこからカガミイモとなり、やがてガガイモに変化した——このように解説される（諸説あり）。

　道ばたにはよく似たツル植物がたくさんあるけれど、本種の葉は、葉脈が白く美しく浮き上がる。茎を切ると「白い乳液」を滴らせるのも大きな特徴。

　とてもわかりやすいのは夏の開花期。淡い紅色の花を密集させて咲かせ、甘い吐息を放つ。

　花はたくさん咲かせるけれど、結実は滅多にしない。この珍しい結実（その中に寝そべる種子が）強壮・強精・疲労回復の民間薬とされ、葉も同じような目的のほか止血・解毒にも使われてきた。刺激性が強めの成分を含むため、食用利用は控え目に。ちょっとつまむくらいがちょうどよい。

キク科アキノノゲシ属

アキノノゲシ

Lactuca indica var. indica

性質 1～越年生

分布 全国

開花期 8～11月

収穫 葉……5～11月
　　　 つぼみ……7～10月

食用 葉・つぼみ：天ぷら、お浸し、
　　　　炒め物

🌸 びっくりサイズのリーフレタス

　葉っぱの味は、ほろ苦さが持ち味のリーフレタスを思わせる。なにしろ本種は栽培レタスの親戚で、日本版の野生のレタスである。

　道ばた、荒れ地、畑地にごく普通で、ときに2メートルを超えるほど巨大に育つ。よく目立ち、葉もビッグサイズでたくさん茂るので、「ちまちま採るのがどうも面倒」という方にはピッタリ。

　収穫の際、葉をちぎると白い乳液をだす（栽培レタスも収穫時には同じ乳液をだす）。これがほろ苦さを演出するので、苦味を軽減するならあらかじめ食べやすいサイズに切り、水を張ったボウルに長めに浸しておくとよい。

　サラダとしても使えるが、和え物や炒め物にすればずっと食べやすく、食べ応えも満点。身近にたくさんいて、収穫期も長い

という美点は大変貴重。

　収穫シーズンは「開花前」。もし開花しても、茎の上部の葉はやわらかなことが多く、手触りで確かめながら収穫すれば大丈夫。つぼみのお浸しも美味である。似たものはほぼないが、本種は葉の形を自在に変える（写真）。もし悩んだら開花の姿を確認してから収穫するのも一手。

フウロソウ科フウロソウ属

ゲンノショウコ

Geranium thunbergii

性質　多年生

分布　北海道〜九州

開花期　7〜11月

収穫　葉……7〜11月

食用　天ぷら、和え物、炒め物、
　　　ハーブティー

🌿 それは見事なお手並みで

あれこれいわず、飲めばたちまち楽になる――胃もたれ、腹痛、ひどい下痢に、嬉しい「現の証拠」があらわれる。さながら薬屋の謳い文句みたいな名前を貰った生き物だ。

日本の生薬利用は、多くが中国の伝統医術を源流にするけれど、ゲンノショウコは江戸時代に日本人がオリジナルに発達させた異色の生薬。目立った副作用も知られていない。

全草を乾燥させ、お茶にするのがオーソドックス。生の葉でもおいしいハーブティーになる。薬湯用にコトコト煮だすとたいそう苦くなるが、ハーブティーの簡単な作法で淹れると「爽やかでおいしいお茶」になる。

葉は料理でも愉しむことができ、クセがなく食べやすい。花が非常に可憐であるので、これもトッピングなどで活かしてみたい。

🌿 タイミングが命綱

ゲンノショウコを採ったつもりがトリカブト――こんな死亡事故が発生する。

葉の時期は、毒草のトリカブト、ウマノアシガタとの区別が「非常に困難」。ウマノアシガタの中毒報告はきわめて少ないが、実際には多発していると思われる。なにしろ細かい特徴までがそっくりだから非常に厄介。

識別方法を覚えるのは大変だが、中毒の避け方はきわめて簡単。ゲンノショウコの「収穫は開花期」に。薬効もこの時期が最高潮である。花の違いは誰の目にも明らかで、花が咲いた株から採取すれば安全である。ニリンソウとも似ており、これもおいしい山菜として有名だが、よくよく自然界に目が慣れてから試されたほうがよい。トリカブトと酷似するため、やはり死亡事故が起きる。

ゲンノショウコ
Geranium thunbergii

北海道〜九州に分布する多年生。開花は7〜11月。中部地方から東北側の地域では「白花」が多く、西側にゆくと「紅花」が多くなる。近年は栽培されたものが逃げだし、各地で紅・白が混在するようになっている。白花種はシロバナゲンノショウコ、紅花種はベニバナゲンノショウコという。利用法はどちらも一緒。

ニリンソウ
（キンポウゲ科イチリンソウ属）
Anemone flaccida

北海道〜九州に分布する多年生。開花は4〜5月。山野に多く、平地では山すそや河川敷などで群落になる。山菜として葉の天ぷらやお浸しが有名だが、トリカブト類とそっくりで死亡事例が絶えない。味は「普通」で命を賭ける価値は皆無。もっとわかりやすい山菜のほうがずっとおいしい。

ウマノアシガタ
（キンポウゲ科キンポウゲ属）
Ranunculus japonicus

全国に分布する多年生。開花は4〜6月。別名キンポウゲ。かつては広い地域で見られたが、近年は激減中。花は美しい光沢のある黄色で、開花すれば間違えない。しかし葉の色と形、毛の量などに変化が多く、葉の時期の特徴はゲンノショウコとほぼ共通する。嘔吐、腹痛、下痢を起こす毒草。

トリカブトの仲間
（キンポウゲ科トリカブト属）
Aconitum spp.

全国に分布する多年生。開花は7〜9月。地域ごとにさまざまなタイプが住み、雑種も多い。山の植物と思われがちだが平野部の団地や宅地周辺でも見られるため要注意。茎や葉は基本的に無毛でツルツル（有毛な種族もいる）。毒性は世界最凶クラス。写真のものはオクトリカブト。猛毒草だが漢方薬の製薬原料にこの改良品種が利用される。

ヒユ科アカザ属

アカザ

Chenopodium album var. centrorubrum

性質	1年生
分布	全国
開花期	5〜10月
収穫	葉……4〜9月 花穂（つぼみ）……5〜10月 結実……7〜11月
食用	葉・花穂：天ぷら、お浸し、和え物、 　　　　炒め物、汁物の具 結実：佃煮（とんぶりの要領で） ※シュウ酸を豊富に含むため過食は避け 　たい

道ばた紅白"食"合戦

そもそもアカザ（赤座）という名前自体が食べられる植物を意味する。茎先や若芽の葉に紅色のお化粧をするので"赤"がつき、"座"は"菜（さい）"が短縮した形である。

江戸時代の初期までは、アカザとシロザは畑で栽培される野菜であった。とりわけアカザとその近縁種（ムラサキタカサゴアカザ）は盛んに栽培され、祖先の豊かな食生活をおおいに支えてくれていた。つまり、とてもおいしいのである。

いまでこそ迷惑雑草として嫌われるが、それほどよく殖えることもありがたい。よく目立ち、収穫量も抜群で、栄養価も高め。根ごと引っこ抜いても、文句をいわれるどころかむしろ感謝されるだろう。ありがたい時代だ。あらゆる調理法になじみ、使い勝手も抜群。

おいしくするには"指先"が

アカザとシロザはどちらもおいしい。ただ、両者が同じ地域にいることは稀で、どちらかしかいない。どちらもさんざん食べてきたが「同時に食べ比べる機会」はまったくなかった。

両者を「マズい」と評価する人も実は多い。ところがマズいのは「下ごしらえ」のほうだ。収穫した葉は、冷水を張ったボウルにまず浸ける。間もなく葉がピンとしてきたら、指先の腹で葉の表面をていねいにこすってゆく。すると水がたちまち濁ってくる。これがマズさの根源だ。それから軽く塩茹でして冷水にさらせば、そのまま食べても「クセのないホウレンソウ」。お味噌汁の具にしたり、鍋物、炒め料理などなんにでもよくあう。指先1つですべてが変わる。これが面倒な方は花穂を集めたい。軽く洗って天ぷら、お浸しに。食感豊かで美味。

アカザ
Chenopodium album var. *centrorubrum*

ユーラシア原産の1年生。開花は5〜10月。全国の道ばた、荒れ地、畑地に多い。若い葉や茎先の葉は「濃厚な紅色」の化粧を乗せるのでよく目立つ。かつては本種とその仲間たちは「野菜として栽培」されていた。食べやすく、栄養価が高く、味もよい。三拍子そろった万能食材。

シロザ
Chenopodium album var. *album*

ユーラシア原産の1年生。開花は9〜10月。全国の道ばた、荒れ地、畑地に多く迷惑雑草として駆除される。若い葉や茎先の葉は白粉で化粧しているのでわかりやすい。ビタミン類、ミネラル類が豊富な優良食材で、生薬としても活躍する。おいしさはアカザと同等。昔はやはり畑で栽培されていた。

コアカザ
Chenopodium ficifolium

ユーラシア原産の1年生。開花は5〜8月。北海道〜九州の道ばた、荒れ地、畑地に多い。その名に「アカザ」とつくが、葉のお化粧は「白」。草丈が30cmほどの小型種で、葉もちいさくて細長い。ミネラル類とたんぱく質を豊富に含むので食材として優良。味も食べやすい。難点は小型種なので収穫と下ごしらえが手間。

ホコガタアカザ
（ヒユ科ハマアカザ属）
Atriplex prostrata

ヨーロッパ原産の1年生。開花は8〜11月。各地の沿岸部、河川敷でよく殖えている。葉の形が「正三角形〜二等辺三角形」状で、茎に紅い縞模様が入る。同じ環境には在来種のハマアカザ（葉が細長く伸びる）なども育つ。どちらも葉が食用になる。

夏の野草

キク科アザミ属

ノアザミ

Cirsium japonicum

性質 多年生

分布 本州〜九州

開花期 5〜11月

収穫 葉……3〜10月
根……通年

食用 葉：天ぷら、炒め物、汁物
根：キンピラ、漬け物、炒め物

痛さに驚きウマさでびっくり

"アザミ"という言葉の由来は定かでない。一説に"アザム"が語源で、痛ましい、驚きあきれる、という意味があるようだ。

アザミの茎葉にはトゲがある。うっかり触れたら「ギャッ!」となるほどの凶器。皮膚にうっすらと血潮が浮かぶ様子はまさに痛々しく、トゲの威力に驚きあきれる。

ノアザミは身近でよく見る種族だが、つと近寄り、じっくり観賞してみるとおもしろい。とても美しい容姿をして、やがて開花する花も神妙なグラデーションを浮かべ、名工の手になるガラス細工のような透明感に満ちる。この時期はよく目立ち、収穫にはもってこい。やわらかな葉を選んで採り、天ぷらにするともう絶品。かつて味わったこともない"奥深い香味"にまたしても驚くことであろう。

最高の喜びを勝ち得る旅路

葉の天ぷらにはいささか注意点がある。下ごしらえで、葉の縁のトゲを切り落とす。これをせぬと口の中が血潮でしたたかに染まる。もっともおいしいのは根である。山野で採れる根のなかで、そのウマさと香味は最上級。これが身近な野辺で愉しめるのだから、知らずに通りすぎるのは実にもったいない。

第一関門は、掘り上げるのにスコップがいること。しかしこの大仕事で勝ち得た喜びの味は何物にも代えがたい。

第二関門は見分け方。地域ごとに多彩な種族があり、識別ポイントも「多すぎる」ほどある。まずは簡単に花の下にある総苞（そうほう）を見る。葉の切れ込み方、そして開花期に株元から伸びる大きな根生葉が残っているかどうか。この3点がおおいなる助けとなる。

アザミの仲間は「総苞」をチェック

"総苞"と"総苞片"を見ておくと調べるのがとても楽に

総苞片

総苞

総苞片は密着。ネバつく

ノアザミ

総苞片は緩やかに開く。
ネバネバしない

ノハラアザミ

総苞片が多数密集して
トゲの団子のようになる

アメリカオニアザミ

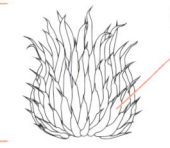
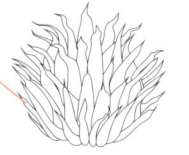

ノアザミ
Cirsium japonicum

本州〜九州に分布する多年生。開花は5〜11月。道ばた、草地、荒れ地に普通。総苞を触ると「ネバネバする」。根生葉は開花期に残る。葉と根にはウマ味と香味が宿り、大変美味。

ノハラアザミ
Cirsium oligophyllum

東北〜東海に分布する多年生。開花は8〜11月。道ばた、草地、荒れ地に普通。ノアザミとそっくりだが総苞はネバネバしない。根生葉は開花期にも残りよく目立つ。利用法はノアザミと一緒。とても美味。

アメリカオニアザミ
Cirsium vulgare

ヨーロッパ原産の1〜越年生。開花は6〜9月。北海道、本州、四国に分布。道ばたや荒れ地に拡大中で、市街地にも多い。根生葉は開花時に枯れてなくなる。全草に密生するトゲが鋭く負傷者が続出中。除草の際は器具で掴んで排除する。

キツネアザミ (キク科キツネアザミ属)
Hemisteptia lyrata

本州〜琉球に分布する越年生。開花は5〜6月。名前にアザミとあり花穂の姿がアザミを思わせるが、茎葉にトゲをもたぬためアザミの仲間ではない。身近に多く大変愛らしいが食用・薬用の利用は通常ない。

イラクサ科ミズ属

アオミズ

Pilea pumila

性質 1年生

分布 北海道〜九州

開花期 7〜10月

収穫 茎葉……6〜10月

食用 天ぷら、お浸し、和え物、浅漬け、
汁物の具、炒め物

“ありきたりの美味”という存在

「青臭いのはイヤ。苦味やエグ味など
もってのほか。身近にたくさんいて、手軽
で食べやすいものを」

これ以上は考えられぬ“率直な欲求”
に、気持ちよく答えてくれる植物が確かに
いる。道ばたで本種を見たとき、多くの人
は特段の感慨を覚えぬだろう。その子の名
をアオミズという。

御覧のとおり、葉は青々として艶やか。
茎にいたっては透明感のあるライトグリーン
で、見るからにみずみずしい。

見た目からも想像がつく“味”がまた「涼
しいお味」で。茎ごと採取して、軽く塩茹
で。そのままお浸しで、ちょんと醤油につ
け、食べる。

味のクセは皆無。涼風のように通りす
ぎる。

激暑を涼む“ミズ祭り”

アオミズは、雑木林のへり、水辺の木
陰などでよく見かける。いつもジメジメする
ような場所にいる子が、特にみずみずしく
食べやすい。

ここにはそっくりなミズもいる。茎にほの
かな赤みが差すことも多いが、葉の先端部
の形や花穂のつき方で区別する。区別は
できるがしなくてもよい。利用法はまったく
一緒で味も同じく“涼しい”感じ。食欲が
落ちた真夏に、冷やし中華や素麺と組み
合わせてみたい。通称が「ミズ」という山
菜もあり、標準和名をウワバミソウという。
どこへ行っても標準和名で通じることはな
く、通称のミズで話してようやく会話が成
立する。お住まいはおもに山間部で、とて
もおいしい夏の山菜として有名。みずみず
しい味とシャキシャキの歯応え、そして軽や
かなヌメリが魅力の一級品である。

アオミズ
Pilea pumila

北海道〜九州に分布する1年生。開花は7〜10月。市街地、宅地、山間部など、いたるところで見つかる。木陰などでいやに青々してツヤツヤした小型の植物が「群れて」いたら本種であろう。葉の縁にはギザギザがよく目立ち、葉脈が「明らかにへこみ」、なんとなく「カメの甲羅」を思わせるフォルムが目印になる。葉の先端部が尾状に長く伸びることが多く、花穂は茎の途中につき「長く伸びて枝分かれする」。指先の感触でやわらかな部分を選んで収穫するとよい。

夏の野草

ミズ
Pilea hamaoi

北海道〜九州に分布する1年生。開花は7〜10月。お住まいはアオミズと同じ。葉の先端が「長く伸びることはなく」、茎に「赤みが差す傾向」がある。花穂は茎の途中につき、「固まって咲く」のが大きな特徴。アオミズとミズはクセが皆無であらゆる調味料とよくなじむ。使い勝手がよく「初めての野草料理」にピッタリだが、見た目の特徴があまりにも地味なのが難点。しかしすぐ慣れてしまう。

ウワバミソウ
（イラクサ科ウワバミソウ属）
Elatostema involucratum

北海道〜九州に分布する多年生。開花は4〜10月。おもに山地の渓流沿いに多いが、山すそや丘陵でも見つかる。各地で「ミズ」と呼ばれる大人気の山菜で、販売はもちろん栽培もされる。葉の形が左右非対称で軽くゆがみ、細長く伸びるのが特徴。茎を根元から採取し、葉を落としたら軽く塩茹でして冷水にさらす。食べやすいサイズに切ってお浸し、海苔巻き、和え物、炒め物に。みずみずしいヌメリがありとてもおいしい。ほのかな苦味がある葉も天ぷらにすると食べやすい。

キク科センダングサ属

コセンダングサ

Bidens pilosa var. pilosa

性質 1〜多年生

分布 宮城〜琉球

開花期 9〜11月

収穫 葉……4〜10月
つぼみ……8〜11月

食用 葉：天ぷら、お浸し、炒め物
つぼみ：天ぷら、お浸し、和え物、
汁物の具

収穫してもまるで減らない食材です

これが驚きのおいしさでして。

海外では薬草としても使われ、実は日本でも腎臓や肝臓の炎症治療に使われてきた。「ならば食べたらどうか」と試してみたら、フレンチのシェフも「これはイケます」と満面の笑み。塩茹でしたつぼみを味噌汁に入れただけ。歯ざわりが気持ちよく、味はクセのない春菊風味。葉の天ぷらや和え物にしても、香りがあってまあおいしいこと。

コセンダングサは、見た目が素っ気なく、態度も実にふてぶてしい。どれだけ抜いても数倍返しで殖えてゆく。強害草である。

名前のセンダン（栴檀）は樹木のセンダンに由来し、葉の形が似ているから。日本には在来種のセンダングサもいるが、きわめてレア。普通に見るのは外来種ばかりだ。

世界を埋め尽くすモーレツ雑草

本種は名前こそ"小栴檀草"だが、大きさは大人の身の丈ほどに育つ。性質も規格外で、環境や気分次第で寿命を変える。1年で仕事を納めるか、何年も残業するかを自由に決め、ひたすら種子をまき散らすことに熱中する。たとえ抜いて枯草のうえに放置しても、茎から無数の根を伸ばして復活を遂げ、終には結実までいたる。殖えない要素がまるでない。

厄介なのは生き様ばかりではない。見分けるのがもう大変。日本には多彩な親族が乱立しており、どれもこれもが酷似する。なかでもコセンダングサの系列は違いが微妙すぎてどうにもならぬ。しかし「この系統」だとわかれば食べておいしい生薬に。腎肝機能の改善によいとされるが、鎮痛・解熱・下痢止めなど、身体にあえば思わぬ恩恵も多いようだ。

コセンダングサ
Bidens pilosa var. pilosa

南北アメリカ原産の1〜多年生。開花は9〜11月。宮城県〜琉球に分布。大都市から亜高山までいたるところで見かける。目立つ花びらをもたないのが特徴。たまにちいさな白い花びらをちょんとだす個体が出現するが雑種のアイノコセンダングサという。そして以下のとおり変化が多く、分類学者をひとしきり悩み込ませている。

コシロノセンダングサ
Bidens pilosa var. minor

コセンダングサの変種で、白い花びらをつけるタイプ。全国の道ばた、荒れ地、宅地でよく見かける。本種と次のオオバナノセンダングサの違いは「花びらの大きさ」だけ。区別せず同種とする説もある。さらにはコセンダングサを含めた3種を「コセンダングサでまとめよう」という学説もある。食用・薬用利用はすべて同じく可能とされる。

オオバナノセンダングサ
Bidens pilosa var. radiata

南北アメリカ原産の1〜多年生。開花は暖地であると通年。白く大きな花びらが特徴。文献によってはタチアワユキセンダングサと表記されるが本種と同じものである。一般には「サシクサ」の名で広く知られる。沖縄では健康野菜として盛んに利用され専門店まである。本州でも沿岸部を中心に分布を広げ内陸でも見かけるようになってきた。

アメリカセンダングサ
Bidens frondosa

北アメリカ原産の1年生。開花は9〜10月。全国に広く分布する。生息地はおもに田んぼ、休耕田、水辺など水気が多い場所に集中する。若苗のころから茎や葉柄が「濃厚な赤紫色」となりとても目立つ。花びらは「ない」ことが多いが、たまに「黄色」の花びらを大きく展開する個体も見られる。食用利用はされない。

夏の野草

イラクサ科ヤブマオ属

カラムシ

Boehmeria nivea var. concolor f. nipononivea

性質 多年生

分布 本州〜琉球

開花期 8〜9月

収穫 葉（茎先）……4〜9月
花……8〜9月

食用 葉・花：天ぷら、お浸し、和え物、
炒め物、汁物の具

おいしい"高級繊維"

みなさん、よく見かけているはずの"道草"である。たいてい迷惑雑草として刈られることが多いため、しっかり育った姿を見る機会は減っている。

カラムシ（幹蒸）の名は、"幹（＝茎）"を蒸して繊維を採ることに由来する。ここから採れる繊維は実にすばらしく、とても丈夫なのに柔軟性があり、美しい艶まである。麻（アサ）よりも扱いやすく肌触りもよいため、織物原料として鎌倉時代から盛んに栽培されてきた。

この茎のてっぺんにあるやわらかな葉がすばらしい佳品となる。

まずは塩茹でして冷水で引き締め、これを包丁でよく叩く。するとやわらかなヌメリがでるので味噌か塩麹などと混ぜる。

新たな愉しみを"紡ぐ"

いわゆるナメロウみたいな感じでまとめるわけで、お好みでネギやアサツキ、七味なども加えてみたい。ネットリした食感のなか、カラムシ独特の「なんともいえぬ香味」があふれ、ご飯のお供にお酒のアテに抜群。食物繊維も豊富で（なにしろ織物原料なのだ）、ストレスでやや崩壊気味の腸内環境にも大変喜ばしい恩恵をもたらすだろう。茎の途中から白くしなだれる花穂もやはり美味。おいしさゆえ、いささかお酒がすぎてしまいそうなら、クズの花穂（P.88）をあわせて賞味してみる。

さて、カラムシにはいくつかのバリエーションがあり、その知名度はおそろしく低い。慣れないうちは区別せずともよいが、身近にいるカラムシが「どの子か」を知るのは大人の愉悦。土地の歴史と深く関わるからだ。

カラムシ
Boehmeria nivea var. *concolor*
f. *nipononivea*

本州〜琉球に分布する多年生。開花は8〜9月。人里周辺で野生化している。葉の裏側は「白」。茎の毛は「斜め上に生える」。よく似た仲間は多いが、背筋も正しく直立して、成長すると大人の身の丈ほどまで高くなるなら本種の系統であろう。野生化して大群落となり、草刈りの対象とされる。繊維が強く、刃物類がすぐダメになるためとても嫌われたりする。一方で、ひとたび覚えれば収穫量も多く、手軽に愉しめるという美点がある。

夏の野草

アオカラムシ
Boehmeria nivea var. *concolor*
f. *concolor*

カラムシの変種で葉の裏側が「青緑色（右上の写真では左がアオカラムシの葉裏で右がカラムシの葉裏）」。その他の特徴はカラムシと共通する。やはり人里周辺に多いが、出遭う機会は少なめで局所的にポツポツと見つかる。市街地では道ばたや花壇のあたりで「おや、こんなところにカラムシが」と思い、葉をめくってみれば「青緑色」という場合も。繊維の品質や食材としてのおいしさはカラムシと同等。

ナンバンカラムシ
Boehmeria nivea var. *nivea*

中国南部原産の多年生。開花は8〜9月。関東〜九州の人里周辺に分布。葉の裏側は「白」。茎の毛は「水平方向に立つ」。葉の裏が「白」なためカラムシと誤認されがちだが、葉のフォルムが「まるっこく」、茎の毛が「横方向に伸びる」ことを覚えておけば間違えない。市街地や里山周辺でごくたまに見つかる。繊維は高品質で世界中で栽培され、根も解毒、腹痛、止血薬などにされる。食用可。

クサスギカズラ科ジャノヒゲ属

ジャノヒゲ

Ophiopogon japonicus var. *japonicus*

- **性質** 多年生
- **分布** 北海道〜九州
- **開花期** 6〜7月
- **収穫** 根の膨大部……ほぼ通年
- **食用** 根(膨大部):
  天ぷら、素揚げ、薬味、
  スープの具材、生食

愉しいときも困ったときも

　見た目がちっともパッとしない、見るからに雑草といった子たちのなかで、ジャノヒゲとその仲間の地味さは極致の1つ。なにしろ「特徴のなさが最大の特徴」で、ほそ長い葉をただただぺろんと伸ばす。気の向くままにぺろぺろと。余計な造作はなにもない。

　ジャノヒゲ(蛇の髭)は、別名をリュウノヒゲ(龍の髭)という。いずれにしてもヒゲであり、けれども気品に満ちたヒゲなので、都会の庭園やお洒落なレストランの花壇などに改良品種がよく植えられる。真冬になっても艶のある流麗な葉を青々と茂らせる様子は彼女らの非凡なまでの生命力を感じさせる。実際、わたしたちは知らぬ間に彼女らの恩恵に与る機会が多い。カゼ薬やノド飴に本種が使われていることが多いのだ。

愉しいけれど困ったことも

　生薬名は"麦門冬(ばくもんどう)"。ジャノヒゲの根 —— その一部に「膨らんだ部分」があるのだけれど、ここを採取して乾燥させる。ちいさなピーナッツ状のそれは、食用としても大変美味。ナマでかじれば「甘いショウガ味」。素揚げにしても甘味は変わらず、脂っこい料理の口なおしとして最高。歯ざわりのよさも魅力で、噛むほどに広がる優しいジンジャー風味は、爽やかな野菜スープ、こってりしたシチューにも大変よくあう。身近な野草料理の愉しさをぐんと盛り上げてくれる逸材である。

　収穫も、一年中、いつでも。そのうえよく似た種族も「まったく同様」に活用できる。つまり1兎を追えば3兎がその手に落ちるのだ。もちろんハズレもある。「多くの人」がハズレを引くので、みなさんはどうかお間違えなく。

ジャノヒゲ
Ophiopogon japonicus var. *japonicus*

北海道〜九州に分布する多年生。開花は6〜7月。道ばた、草地、雑木林に多数。葉は目立って細く、結実は美しいルリ色。花は白色だが見る機会はとても少なめ。群れて暮らすことが多いので収穫もたやすい。根の膨大部を乾燥させたものは滋養強壮やセキ止めの生薬原料（医薬品原料植物）である。

オオバジャノヒゲ
Ophiopogon planiscapus

本州〜九州に分布する多年生。開花は6〜7月。ジャノヒゲの生息地に混在することが多い。葉の幅が広く、結実は黒に近い紺色。花は白色。葉の姿はヤブラン（後出）と酷似するが、「花と結実」の色の違いで見分けるとよい。根の膨大部はジャノヒゲと同様、おいしい生薬原料。

ナガバジャノヒゲ
Ophiopogon japonicus var. *umbrosus*

本州〜九州に分布する多年生。開花は6〜7月。細い葉を、とても長く伸ばす。葉の数が非常に多く、こんもりと大きく茂るのでよく目立つ。開花・結実することは滅多にない。根の膨大部がきわめて少なく味も粗雑（写真・右）。観賞用としてはとても優秀だが食用には不適。

ヤブラン
（クサスギカズラ科ヤブラン属）
Liriope muscari

関東〜琉球に分布する多年生。開花は7〜9月。道ばたの草むら、雑木林の木陰に多い。葉は太めで結実は「黒」。根の膨大部はジャノヒゲと同等の食用・薬用価値がある。紫色の花とつぼみは優しい甘味がありおいしい。花穂は天ぷらにすると香味抜群のポップコーン味になる。

ヒルガオ科ヒルガオ属

ヒルガオ

Calystegia pubescens

性質	ツル性の多年生
分布	北海道〜九州
開花期	5〜9月
収穫	新芽・ツル先……ほぼ通年 花……5〜9月 根……ほぼ通年
食用	新芽・ツル先：天ぷら、お浸し、 　　　　　　和え物、炒め物 花：天ぷら、酢の物、トッピング 根：天ぷら、和え物、炒め物

🦋 見慣れた顔の意外な横顔

　ヒルガオ（昼顔）は、昼に開花することに由来する。実際には早朝からお化粧に励み、淡い桃色に染めた顔をふわっと広げている。

　見た目はとても愛らしく、風雅ですらあるけれど、その態度は街のチンピラ風。なにしろそばにあるものなら手あたり次第──野菜やハーブに馴れ馴れしくも腕を回し、暑苦しく抱きつき、終にはぐるぐる巻きにする。

　足癖のひどさは極道級。どれほど抜いてもまるで減らぬどころか、一部がちぎれると数を殖やす。ときには指をつめるみたいに自切して殖えたりするのだからとんでもない。

　新芽をだすのはおもに春だが、凍える真冬もお構いなし。シノギを求めて顔をだす。冬野菜たちも巻きつかれ、それはひどい迷惑顔。この厄介な新芽、食べると意外とイケる。根もなかなか。

🦋 多才で多彩な身近な顔

　全体的にアクがあるけれど、新芽、そして夏のツル先だけはアクが少なめで食べやすい。軽く塩茹でし、冷水にさらしてお浸しに。海苔かかつお節を乗せ、和からしを溶いた醤油にちょんとつける。軽やかな食感とオツな味がたまらない。

　愛嬌のある花も、雄しべや雌しべを抜き、しっかり洗って天ぷらに。花の色あいを愉しむなら酢の物がオススメ。ゼリーも美しい。地下に潜伏する極悪非道な根も、しっかり茹でればよい食材に。味噌漬けが食べやすい。

　そっくりな仲間も多いのだけれど、右ページに挙げた「上から3種」は見分けなくても大丈夫。いずれも食用のほか生薬ともされ、根と全草が便秘の改善、糖尿病の症状緩和、毒虫刺されに使われる。よい横顔もあるのだ。

ヒルガオ
Calystegia pubescens

北海道〜九州に分布するツル性多年生。開花は5〜9月。道ばた、草地、荒れ地にいるが、探すとなかなか見つからない地域も多い。花の柄が「ツルっとしている」のが特徴。根・新芽・ツル先・花が利用可能。茎葉はあまりおいしくない。

コヒルガオ
Calystegia hederacea

本州〜九州に分布するツル性多年生。開花は5〜9月。道ばた、草地、荒れ地など、どこにでも。葉の形には変化が多く、アテにならない。花の柄に「波型の隆起」があれば本種。利用方法はヒルガオと同様。

アイノコヒルガオ
Calystegia hederacea ×
Calystegia pubescens

北海道〜九州に分布するツル性多年生。開花は5〜9月。上記2種が交雑したタイプで、花の柄に「細い直線状の隆起」があることで区別する。食用・薬用については上記2種と同様。

ハマヒルガオ
Calystegia soldanella

北海道〜九州に分布するツル性多年生。開花は5〜8月。海浜地帯の砂浜、道ばた、河原などに多く、たまに内陸部でも見つかる。葉はまるっこく、ツヤがあるのでわかりやすい。全草に強い苦味があるため食料難の際に利用するくらい。

セイヨウヒルガオ
（ヒルガオ科セイヨウヒルガオ属）
Convolvulus arvensis

ヨーロッパ原産のツル性多年生。開花は6〜9月。全国の道ばた、荒れ地に広がるが、沿岸部でよく見かける。花は白色。葉は寸詰まりの「ほこ形」でこぢんまりとするほか、茎にまばらな「毛」があることで見分ける。食用には使われれない。

タデ科ミチヤナギ属

ミチヤナギ

Polygonum aviculare

性質 1年生

分布 全国

開花期 6〜10月

収穫 茎葉……5〜11月

食用 天ぷら、お浸し、和え物、炒め物
※シュウ酸を含むため過食は避ける

🌿 地味で美味な正統派道草

　野草料理の世界では、知名度はそこそこ高い。そこそこというのは、実際に試す料理人が少ないから。たぶん、あなたがこの子を見たとき食欲をソソInternalEnumられるかというInternal... と、決してそうではないだろう。しかしとてもおいしいのだ。

　ミチヤナギ（道柳）の名は、葉の姿が柳の葉に似ており、道ばたに生える草という意。ヤナギといえばシダレヤナギを思い浮かべるが、ヤナギは困ったほど種類が多く、確かにミチヤナギみたいな葉のヤナギも存在する。その見た目は「くずれかけの骨格標本」のようで、いかにも硬そうな茎がコキコキと折れ曲がりながら立ち上がる。道ばたや野道のド真ん中で頑固一徹に茂る様子は、なんともはや、見るからに迷惑雑草そのもの。どれだけ収穫しても怒られることはまずない。

🌿 油料理で香味マシマシ

　春から秋にかけてが収穫シーズン。地上部を刈り取るが、大きな株なら1株で十分。こうして収穫する姿は山菜摘みでは決してなく、除草作業にしか見えぬところも好都合である。

　よく洗い、水に浸けておき、塩茹でに。冷水で引き締めたら、お浸し、和え物でも美味だが、オススメは炒め料理。ハム、ベーコンなどとあわせて炒めたり、塩コショウした鶏肉や豚肉とご一緒に。とにかく「油や脂」との相性が抜群で、たいていなにをしてもおいしい。歯応えと、意外なほど優しい香味がふくらみ、多くの人がびっくりする。

　シュウ酸を含むため、下ごしらえで「水に浸ける」、「塩茹でを経由する」という基本を守りたい。そっくりな外来種も住むので、間違わぬように心がけたい。

葉の長さが
20mm「以上」

葉の長さが
15mm「以下」

自分の「親指の幅（だいたい15㎜前後）」を
使って確かめると簡単でわかりやすい

親指の幅より「長い」傾向がある

ミチヤナギ

親指の幅より「短い」傾向がある

ハイミチヤナギ

夏の野草

ミチヤナギ
Polygonum aviculare

全国に分布する1年生。開花は6〜10月。道路わきの草むら、耕作地のまわりに多く、未舗装の道路なら道の真ん中にデンと腰を据えている。次の外来種とそっくりだが、茎をしゃんと立ち上げて茂るので見慣れるとすぐにわかる。例外もしばしばあり、悩ましい個体もあるので、「葉の長さ」を見ておく（上図）。少しでも悩んだら採取は避け、もう少し先まで歩いてハッキリそれとわかる子を見つけるとよい。

ハイミチヤナギ
Polygonum arenastrum

ユーラシア原産の1年生。開花は6〜10月。全国の市街地の歩道、駐車場、宅地、荒れ地、河川敷などいたるところで拡大中。見た目はミチヤナギとそっくりだが、茎をあまり立ち上げず、地べたにぺったり張りつくように広がる。海外では食用（生食、ボイル、炒め料理、粉末にしてクッキーやパン生地に混ぜるなど）、薬用（解熱、利尿、止血、気管支炎の改善などにハーブティーで）の記述もあるが、日本では使われておらず、安全性の詳細も不明。

ウコギ科チドメグサ属

チドメグサ

Hydrocotyle sibthorpioides

性質	多年生
分布	全国
開花期	4〜9月
収穫	葉……3〜11月
食用	天ぷら、サラダ、和え物、薬味

愛らしく、香味も豊か

市街地から山間部まで、道ばたや草地にたくさんいる。公園なら芝生の合間、田んぼなら畦道でよく目立つ。

チドメグサは血止草と書き、身近な傷薬として使われてきた。民間薬として、切り傷、腫れ物、打撲傷には、この葉をよく揉んで患部に塗る（あるいは貼りつける）。内服すると「ノドの痛みの緩和」などに用いられてきたが、近年は民間生薬よりも「食材」として扱われることが多い。

この茎葉、セリのような爽やかな香気があり、サラダや副菜に使うと愉しい。天ぷらにすればちいさなフォルムが愛らしくて美味。

安全のため軽く加熱したいが、普通に茹でると途端に苦味・エグ味が激増する。水洗いをていねいにしてサッと熱湯をかけるとよい。

同じ種でも風味は雲泥の差

チドメグサの仲間は、カキドオシ（P.64）、ツボクサ（P.65）と混乱する人も多い。葉をちぎったときに「セリのような香気」があればチドメグサの仲間である（カキドオシは強いミント系の香り。ツボクサは青臭いだけ）。

採取の際はこうして「香りを確かめながら」が重要となる。とりわけチドメグサの仲間は個体の状態により風味が格段に変わる。香りがよく、やわらかく、青々としているものだけを選ぶ。やや黄ばんでいたり筋張ったものはちっともおいしくないのでご注意召されたい。

身近には何種ものチドメグサたちが混在する。伝統的に民間薬として利用されるのはチドメグサだけ。食用ではほかの種族も同様に使われるが、「オオチドメ」と「ヒメチドメ」は香味が希薄な印象である。

葉の両面は「無毛」　葉の両面に「毛」　裏面だけに「毛」

葉の両面は「無毛」

葉の両面は「無毛」
葉の鋸歯が鋭い

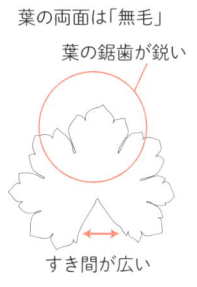

すき間が広い

| チドメグサ | ノチドメ | オオチドメ | ヒメチドメ |

チドメグサ
Hydrocotyle sibthorpioides

全国に分布する多年生。開花は4〜9月。葉の切れ込みは浅く「ほぼ円形」。葉の両面は「無毛」で、葉の鋸歯（ギザギザ）は「ややまるみを帯びる」。花穂は「葉の下」につけ、10個ほどの小花がボール状になってつく。

ノチドメ
Hydrocotyle maritima

本州〜琉球に分布する多年生。開花は5〜7月。葉は切れ込み、わずかな「すき間」がある。わかりやすい特徴は「葉の毛」。表面に「白毛がまばらにある」ものは本種（裏面も有毛）。花穂は「葉の下」につけ、小花は数個〜10個ほど。

オオチドメ
Hydrocotyle ramiflora

北海道〜九州に分布する多年生。開花は5〜9月。もっとも目立つ特徴は花穂。葉より「高い位置で開花」していたら本種。葉は「ほぼ円形」で表面は「無毛」。裏面にはまばらに毛があることも。オオチドメとの名であるが、ちいさなものも多い。

ヒメチドメ
Hydrocotyle yabei

北海道〜九州に分布する多年生。開花は4〜9月。葉の切れ込みが大きく、葉の全体を見ると円形ではなく「扇状」になる。花穂につく小花も少なく、10個以下。「葉の下」で隠れるように咲く。ノチドメと間違えやすいが本種の葉は「無毛」。

アカバナ科マツヨイグサ属

メマツヨイグサ

Oenothera biennis

性質 可変2年生

分布 北アメリカ原産

開花期 6〜9月

収穫 新芽……4〜5月
つぼみ・花……6〜9月
根茎……ほぼ通年

食用 新芽：天ぷら、和え物、炒め物
つぼみ・花：天ぷら、サラダ
根茎：蒸し料理、キンピラ

モーレツ雑草の"甘い根性"

庭園や畑ではもっとも迷惑な生き物の1つ。駆除は簡単だが外から続々と押しかけてくる。足腰がグダグダになるまで引っこ抜かされるからたまらない。

マツヨイグサ（待宵草）は、夜の帳が降りるのを待って開花する。およそ19：00くらいである。このときの「花の色香」が絶品で、フローラルで上品な香りの中にハチミツを溶かしたような甘美さに満ちている。翌日にも咲いていることがあるけれど、色香はあからさまに退色してしまう。

この美しい花には甘味があり、天ぷらやサラダ、デザートで大活躍する。雄しべや雌しべを抜いてから、軽く洗って調理する。

春の新芽は茹でて和え物に。根も甘味があり、ボイルしてスープやグラタンに。

無限に生える"薬草"

この根、「芳醇な赤ワインの香り」があるといわれる。数え切れぬほど抜いては嗅いでみたけれど、たったの一度も香らない。野草研究家の山下智道氏は「本当にしますよ！　ただ、滅多にしませんけれど」と細く微笑む。むむむ、とてつもなく口惜しい。

本種はその種子もセサミのように乾煎りして食べることができる。しかし圧搾して得られるオイルが人気。世界30カ国で販売され、美容、皮膚疾患、糖尿病による精神疾患の改善などに用いられる。作用は個人差が大きく、海外の医学・薬学情報では有効性を疑問視する（あるいはないとする）論文もある。

日本にはよく似た仲間がたくさんいるが、メマツヨイグサとコマツヨイグサが圧倒的多数を占める。まずはこの2種を覚えてみたい。

メマツヨイグサ
Oenothera biennis

北アメリカ原産の可変2年生。開花は6〜9月。全国の道ばた、空き地、河川敷に多い。

葉脈の主脈(中心を走る太い脈)の色が「赤くなる」のが特徴。

また萎んだ花の色は「くすんだ黄色」。茎には「上向きの毛」がある。

海外では評価が高い薬用・食用ハーブでやわらかな葉や根をボイルして食べる。葉にはほのかなヌメリがあり、クセはなく食べやすい。花やつぼみを生食するとフローラルな香りと甘味が広がり愉しい。

夏の野草

マツヨイグサ
Oenothera stricta

アルゼンチンとチリを原産とする1〜2年生。開花は5〜8月。本州から九州の道ばた、草地にいるが、見かける機会は結構少なめ。

葉は細長く伸び主脈の色が「白っぽい」。

萎んだ花色は「赤く」なる。

茎の毛は「下向き」。

1851年に観賞用として渡来し、民家周辺で野生化してきた。花は食用にされるが、葉や根をメマツヨイグサのように利用するという情報はいまのところ海外を含めても見当たらない。

コマツヨイグサ
Oenothera laciniata var. laciniata

北アメリカ原産の1〜可変2年生。開花は4〜10月。本州から琉球の道ばた、砂浜、河川敷に多い。上記2種と同じような花をつけるが、草丈が10〜40cmほどと小柄なものがほとんど。葉の縁に波打つような切れ込みが入るのが特徴。花は萎むと「赤く」なる。本種も花が食用になる。

繁殖力が強大で、ひとたび侵入するとまたたく間に殖えていく。たいていは群落を築くので、花の収穫は容易。

シソ科ハッカ属

ハッカ

Mentha canadensis var. piperascens

性質 多年生

分布 北海道～九州

開花期 8～10月

収穫 葉……5～10月
花……8～10月

食用 葉・花：サラダ、料理用ソースの
フレーバー、デザート、
ハーブティーなど

ハッと目覚めるその恐さ

日本にはたくさんのミントが育つ。生命力が旺盛で盛んに逃げだし野生化するが、里山では在来種のミントが住む。ハッカである。

ハッカ（薄荷）はかつて"目草（めぐさ）"と呼ばれ、この葉を揉んで目のまわりを撫でることで「疲れ目を癒す、あるいはパッと目覚めさせる」ことに由来する。

このスーッとする清涼感はメントール類（ℓ-メントール）が主成分。精油のうちℓ-メントールを65%以上を含むものだけが「和薄荷」として非常に珍重される。解熱、健胃、鎮静効果などが知られる生薬原料になり、食用にもされる。

さて、ミントのなかには清涼感や香気の主成分がℓ-メントール「ではない」ものがある。香りは同じだが人体に有害なのだ。

気に病まず、けれども控え目に

プレゴンという成分は香りと清涼感がℓ-メントールとほぼ一緒。プレゴンと、これが体内で代謝されて発生するメントフランや8-プレゴン・アルデヒドが肝臓がんや肺病を誘発すると懸念される（SV Jabba＆SE Jordt.,2019：KAWojtunik-Kulesza.2022 ほか）。アメリカやEU 諸国はこの成分を食品や飲料、サプリメントや化粧品に添加することを禁止（または厳しい上限規制）する。これを含む身近なミントは、ペニーロイヤルミント、ペパーミントだ。アップルミントも精油成分のうち17.61%をプレゴンが占めた報告もあり（N. Benayad et al.,2012）、いささか注意が必要である。

精油などの「成分を抽出したもの」を飲んだり食べ物に使うと危険で、葉をそのまま少量使うなら安全圏。適切に、愉しくつきあいたい。

ハッカ
Mentha canadensis var. piperascens

北海道〜九州に自生する多年生。開花は8〜10月。草丈は50〜60cm以上で腰から胸の高さまで立ち上がる。湿地や畦道で見かけるが、近年は減少傾向にある。ミント感がとても強く、葉を唇に挟んでいるとピリピリしてくる。味は美味。茎と葉にやわらかな毛が多い。

ヒメハッカ
Mentha japonica

北海道、本州に自生する多年生。開花は8〜10月。草丈が20〜40cmほどと大変小柄。湿地や草地に「非常に稀」で野生で見る機会はまずない。しかし自生地周辺では多いらしく、サラダや香味づけなどで利用される。清涼感はやはり強め。茎と葉は「無毛」。

アップルミント
Mentha suaveolens

ヨーロッパ原産の多年生。開花は6〜9月。人里周辺での野生化が著しい。葉がまるっこく、表面に細かなシワが多いので見分けやすい。本種もプレゴンを少なからず含有することがあるため、ハーブティーや食用での利用は「控え目に」。

ペパーミント
Mentha × piperita

スペアミントとウォーターミントが交配した多年生。開花は7〜9月。人里周辺でしばしば野生化する。本種のミント風味はメントフラン、プレゴンがもたらすもので、人体に有害。欧米では上記成分を食品に添加することを禁止・上限規制する。

ペニーロイヤルミント
Mentha pulegium

ヨーロッパ原産の多年生。開花は6〜7月。宅地で栽培されることが多く、市街地でしばしば野生化する。メントフラン、プレゴン、クアシンを含み、人体に有害なためアメリカやEU各国では規制（食品への添加の禁止もしくは含有量の厳密な規制）される。あくまで観賞用に。

マメ科ウマゴヤシ属

ムラサキウマゴヤシ
（アルファルファ）

Medicago sativa

- **性質** 多年生
- **分布** 地中海沿岸地域原産
- **開花期** 5〜9月
- **収穫** 新芽……4〜6月
- **食用** サラダ、スープの具、炒め物、椀物など

🌿 家畜によし、人にもよし

"アルファルファ"という変わった名前はアラビア語の「最高の飼料（al-fasfasah）」に由来するようだ。

栄養価が非常に高く、とりわけたんぱく質が豊富なため、乳牛に食べさせると牛乳の品質が向上すると世界中で盛んに栽培されている。

日本には明治初年（1868年）に牧草として導入され、全国の道ばたで野生化した。インドや東南アジアでは花と若い茎葉を食用とし、日本でも新芽や若苗が利用される。

タネ蒔きから1週間ほどの"もやし"は美容・健康食品として人気があり、たんぱく質、ビタミンA、C、K、B6、食物繊維、リノール酸、α-リノレン酸などが含まれる（日本食品標準成分表（八訂）増補2023年ほか）。

株立ちが勇壮で、花も非常に愛らしく、育てる手間がかからぬため園芸種としても愛育される。タネを蒔いたら短期で収穫できるのが大きな魅力だが、このもやし、味に少々クセがあり、好き嫌いが分かれるところ。

道ばたで見つけたら、タネを採り、自宅で気軽に試してみたい。

autumn & winter

秋冬の野草

酷暑を乗り越え、
満を持しての実りの季節。
ひと味違う
野辺の恵みを、
笑顔とともに。

アケビ科アケビ属

アケビ

Akebia quinata

性質	ツル性の木本
分布	本州〜九州
開花期	4〜5月
収穫	ツル先……3〜7月 花……4〜5月 結実……6〜9月
食用	ツル先：お浸し、炒め物 花：生食（トッピング） 結実：生食、炒め料理（皮）

あるのに採れぬもどかしさ

秋になると、アケビの実がスーパーに並ぶ。美しい楕円形の実がそれはもうパカッと爽快に割れている。おもしろい。

アケビの名も"開け実"に由来するという説がある。国立科学博物館では"開けツビ"説も紹介する。"ツビ"は性器を示す言葉で、新潟県北部では「アケビの実は初めは男で（※閉じた状態）あとで女になる（※開いた状態）」といわれるようだ。おもしろい。

この実の中には種子が眠り、白っぽいゼリー状の物質に覆われる。気品に満ちた甘味が魅力で、野生動物はもちろん人間同士でも争奪戦が熾烈に繰り広げられる。結実に「わずかな切れ込み」が入ったら収穫する。翌日にパカッと割れたら採ろうとワクワクしても、早朝、すでに跡形もなく消えている。

神仙境の若返りの妙薬

一方、実の「皮の部分」も人気の食材で、スーパーでは「皮」だけが並んでいることも。迫力のある苦味やエグ味をもつが、ひき肉などを詰めて炒め料理や蒸し料理にする。脂っこい料理に使うと苦味がほどよいアクセントとなり、なぜだかおいしく食べられる。

春から初夏に伸ばすツル先は、かつては仙薬として珍重された。薬効と関係があり、冬の間、身体に溜まった不要物の「排出を強力に促す」ためであろう。塩茹でから水にさらして料理するが、これも独特の苦味がある。お浸しの場合、和からしを溶いた醤油につけると、苦味と辛味がおもしろい味のモザイクを織りあげ、なんとも美味。

花も隠れた佳品で、すばらしい芳香がある。生食しても甘く、とてもおもしろい味。

アケビ
Akebia quinata

本州〜九州に分布するツル性の木本。開花は4〜5月。楕円形した葉（小葉）の数は「5枚」で、葉の縁はツルっとするのが基本だが、ごくわずかに波打つこともある。花は「藤色系〜クリーム色系」で甘美な香りがあり、蜜も多い。これを摘んでその場で食べると、高貴な香りと甘味が広がり大変おもしろい。料理のアクセントやデザートの飾りつけで抜群の存在感を披露する。身近な道ばた、ヤブ、雑木林によくいる。

ミツバアケビ
Akebia trifoliata subsp. *trifoliata*

北海道〜九州に分布するツル性の木本。開花は4〜5月。幅が広めの楕円形した小葉は「3枚」で、葉の縁は「ゆるやかに波打つ」。花色は「濃厚な赤紫色」で甘美な香りがある。食用・薬用の利用法はアケビと一緒。本種とアケビは身近なヤブ、雑木林にとても多いが、開花・結実するものは非常に少ないことで有名。その一方、丘陵や山地にでかけると、そこらじゅうで開花し、秋には結実が鈴なりになる地域もある。アケビ摘みは本当に愉しく、幸運に恵まれた際にはぜひ一度。

ゴヨウアケビ
Akebia × *pentaphylla*

アケビとゴヨウアケビが自然交雑したもの。両者が混生している場所に生える。開花は4〜5月。葉の姿は両親の特徴を併せもち、小葉の数は「5枚」（アケビの特徴）、葉の縁は「ゆるやかに波打つ」（ミツバアケビの特徴）となる。花色も両者の中間で「やや薄めのグレープ色」。食用・薬用としてはアケビ、ミツバアケビの代用品といった感じで使われる。身近な雑木林などによくいるが、アケビとミツバアケビの両親がそろわないエリアでは産出しにくい。

マメ科ダイズ属

ツルマメ

Glycine max subsp. *soja*

- **性質** ツル性の1年生
- **分布** 北海道〜九州
- **開花期** 8〜9月
- **収穫** 豆果……9〜10月
- **食用** 茹で料理、炒め料理、サラダ、汁物や椀物の具、グラタンなど

恋焦がれる"本物"の醍醐味

　「これが大変なんです」と、みなさん苦笑い。事実、本当に大変なのであります。

　ツルマメ（蔓豆）は、ツルを伸ばして豆をつけるのでその名がある。そんなマメ類はいくらでもあるわけだが、この凡庸な名を本種だけが冠するのは、その非凡さゆえの格別な賛辞なのかもしれない。

　わたしたちが愛してやまないダイズ。その"原種"がツルマメであると考えられている。そしてこのマメの味たるや、「とんでもなくおいしい」。栽培ダイズでは味わうことが叶わぬ、濃厚で奥深い"ダイズの真骨頂"を贅沢に愉しめ、ひとたび味わった人はかならず恋焦がれ、またぞろ野に飛びだす。道ばた、ヤブ、特に荒れ地や休耕田に多い（見つからぬ地域もある）。秋、未熟な豆果を採り、枝豆の要領で茹でる。

　誰もが大変と嘆くのは、豆果がちっこい

から。豆の鞘の表面に「赤茶色の毛が密生している」のが特徴で、未熟な青いものを採る。しっかり茹でたら枝豆と同じく中のマメだけを賞味したり、炒め料理で。

　よく似たものが多いので、「花」と「赤毛まみれの豆の鞘」をサインに探してみたい。

マメ科ヤブマメ属

ヤブマメ

Amphicarpaea edgeworthii

性質	ツル性の1年生
分布	関東〜九州
開花期	9〜10月
収穫	地下のマメ……9〜4月 ※春に収穫したものは特に美味といわれる
食用	炒め料理、茹で料理など

地下に隠された“お宝”の味

「これも本当に大変です」と、そんな言葉を頂戴する。だがツルマメと同じく、とてもおいしくて愉しい珍味の1つ。秋の野原の名産品。

ヤブマメ（藪豆）は、藪に生える豆というわかりやすい命名だ。けれども困ったことにツルマメと語感がそっくりで、葉の見た目も似るので誰もがよく間違える（ツルマメの葉は幅広だが、本種の葉は細長く伸びる）。開花すれば花の形がまるで違うので区別がしやすい。収穫期もありがたいことに開花後である。

秋から冬にかけて、地上部に豆果をたくさんぶら下げるが、それは採らない。触るとわかるがぺったんこ。「おいしいマメ」は地下に眠る。

ヤブマメの愛らしい花を見つけたら、ツルをたどって株元を見つける。えいやっと引っこ抜けば、根っこに可愛いまあるいおマメがたくさん。

これを集めるのは大変だが、とても愉しい仕事である。マメはしばし水に浸して水分を吸わせ、塩茹でに。それからフライパンで甘辛く炒めると、地下に隠された秘宝の味がする（つまりなんとも名状しがたいおもしろい味）。味のよさは折り紙つき。愉しさを求める方にはうってつけの佳品。

マメ科ササゲ属

ヤブツルアズキ

Vigna angularis var. nipponensis

性質	ツル性の1年生
分布	本州〜九州
開花期	8〜9月
収穫	豆果……10〜11月
食用	アズキと同様の調理法で

🌿 原種系の濃厚さはダイナミック

　ツルマメ（P.124）と同様、道ばたや荒れ地によくいる野草で、ヤブツルアズキ（藪蔓小豆）という命名もまた同じく見たまんま。藪に生え、蔓を伸ばし、アズキのような豆を下げる。「栽培種の原種」と思われる点も共通し、「アズキのような豆」は正真正銘のアズキ豆で、つまりとんでもなくおいしい。両者をセットで覚えると愉しみは倍増。同じエリアで採れることも多い。

　収穫すべき豆は秋に実る。花穂の中心からとても“細長い”豆果をつんつんと立ち上げ、それから見る間にニューっと伸ばして垂れ下げる。

　ツルマメは未熟な青いうちに収穫したが、本種は「完熟してから」。豆果の表面が茶色くなり、いい感じに乾燥していたら最高。完熟期の豆果は暖簾みたいにたくさんぶら下がり、収穫も簡単。時の流れを

忘れる愉しいひと時に。

　あとは中の種子だけを集め、アズキの要領で調理する。これで餡をこさえると、誰もが「これが元祖アズキの味か!」と目を丸め、輝かせる。味の奥深さがケタ違い。

　豆果を採る際、その表面に「毛がない」ことを確認したい。豆果が細長く伸びて毛があるものは「ノアズキ」で、食用に不適。

アサ科カラハナソウ属

カナムグラ

Humulus japonicus

性質 ツル性の1年生

分布 全国

開花期 9〜10月

収穫 葉（茎先）……6〜11月
花穂……9〜10月

食用 葉：天ぷら、お浸し、和え物
花穂：天ぷら、お浸し、和え物、
ハーブティー

🌿 秋の野道でホップ・ステップ

　市街地や宅地に残された雑木林や荒れ地の道ばたで、王座がごとく泰然と茂る植物がある。おのずと草刈り対象としての優先順位もトップクラス。どこにでもいて、よく目立つ。

　カナムグラは鉄葎と書く。まず"葎（むぐら）"は「生い茂る様子」を表現し、"鉄（かね）"がついたのは恐らくツルが硬いことに由来するのだろう。"ムグラ"の名がつく植物は多いが、これほど茎やツルが硬いものもまずない。

　学名もおもしろい。*Humulus* はラテン語でホップを意味する。つまり本種はホップの親戚筋で、メス株の花穂を見ると「なるほど」と膝を叩く（この種族はオス株とメス株がある）。メス株の花穂はナマで食べても水気があり、爽やかな香味がある。これを摘み、天ぷら、素揚げ、茹でて和え

物などで愉しみたい。

　本種は民間薬にもなり、利尿や健胃の目的で長く使われてきた。ホップのように強い香味はないけれど、クセや苦味もなく、ハーブティーや清涼飲料のフレーバーなどに使いやすい。

　葉とツル先も天ぷらや素揚げで味わえ、パリパリした食感と香ばしさがとても愉しい。

タデ科イヌタデ属

ヤナギタデ

Persicaria hydropiper

性質	1年生
分布	全国
開花期	7～10月
収穫	葉……6～10月 花穂……7～10月
食用	葉・花穂：辛味スパイスとして

※加熱・乾燥させると辛味は消えてしまう。しっかり水洗いしたらナマのまま利用

宮廷が愛した極上スパイス

タデ（蓼）という名は、758年の文献で登場し（『正倉院文書』）、平安時代の『新撰字鏡（898～901年）』ではタテ、タラと表記されたようだ。そもそもの由来は定かでないが、奈良時代より前から"栽培"がはじまり、奈良期には香味野菜としての地位を確立した。以降、皇室や貴族階級の食卓には欠かせぬ香味野菜として重宝され、生薬原料としても活躍する。『延喜式（11世紀）』にも多くのタデが宮廷に収められた様子が記され、いかに重要な"作物"であったかがよくわかる。それが一転、いまや荒れ野の"目立たぬ雑草"となった。

古文書が伝えるタデは「ヤナギタデ」であると考えられている。特徴的な辛味があり、お膳料理の味を格別に引き立てる。

タデ見る人も好き好き

古代の資料では、ヤナギタデの花穂を愛したようで、時代が進むにつれて若葉、新芽を愛用するようになった。現代では品種改良したものを栽培し、その紅色した新芽を刺身のつまにしたり、20cmほどまで育った茎葉を擂りおろし、酢、飯、みりんやダシと混ぜたタデ酢をアユの料理にあわせて使う。風味がよいほか、魚毒中毒の予防や解毒作用が期待される。

古典的な花穂の使い方も、やはり擂り潰して好みの調味料（たとえばオリーブオイルをベースに、味噌か醤油か塩麹など）と薬味（ニンニク、アサツキなど）を加えて練りソースを作る。トウガラシと違って本種の辛味はとても気品がありスーッと消え去る。タデの仲間はどれも見た目が地味で種類が多い。一度は図鑑などで愉しく調べてみたい。

ヤナギタデ
Persicaria hydropiper

全国に分布する1年生。開花は7〜10月。河原、田んぼ、山野の草地など湿った場所に多い。花穂がひょろ長く伸び、くったりとしなだれ、花がまばらですき間が目立つのが大きな特徴。よく似たボントクタデとの見分けは葉を噛んでみるのが簡単。ピリっとした辛味があれば本種。ボントクはずっと噛んでいても刺激的な香味はない。

ボントクタデ
Persicaria pubescens

全国に分布する1年生。開花は8〜10月。湿った場所や林内に多い。立ち姿や花穂の姿はヤナギタデとうりふたつ。葉の表面に斑紋があり、くすんだ赤紫色のV字模様を浮かべることが多い。間違って食べても身体への有害性は知られぬが、ヤナギタデとの識別が厄介で、初心者の精神衛生面にひとしきり障りがあることがよく知られてきた。

秋冬の野草

イヌタデ
Persicaria longiseta

全国に分布する1年生。開花は6〜12月。別名アカマンマ。濃厚なピンク色の花穂が目立つ。市街地から野道に普通。鮮やかな花穂はそのまま天ぷらに。あるいは花をバラして料理やデザートのトッピングに。葉にはほのかなヌメリがあり、軽く塩茹でしてから和え物などで。次のハルタデと雰囲気が似ている。

ハルタデ
Persicaria maculosa subsp. *hirticaulis*

全国に分布する1年生。開花は6〜11月。耕作地や道ばたに多い。イヌタデとよく似るが、花穂は白と淡いピンクが織り交ざるので開花するとわかりやすい。葉の表面には斑紋があり、くすんだ赤紫色のV字模様を浮かべる傾向がある。形や色味に変異が多く、分類学者をしばしば悩ませている。食用にはされない。

ブドウ科ブドウ属

エビヅル

Vitis ficifolia var. lobata

性質　ツル性の木本

分布　北海道〜九州

開花期　6〜8月

収穫　結実（完熟）……10〜11月

食用　ジャム、清涼飲料、果実酒

🍂 道ばたで密かな収穫祭

　日本の大自然はブドウの仲間も育ててきた。もっとも身近なものは、大都市のヤブや公園で見つかるが、丘陵や山地に行けばさらにおいしいブドウたちが出現。秋の散歩や行楽にて、密かに収穫を愉しんでみたい。

　エビヅル（海老蔓）という変わった名は、なんと葉の裏に由来する。若い葉の裏面には白〜赤褐色の毛が密生しており、赤褐色の毛色が「茹でた海老の色」を思わせたようだ。見分けるときも、葉の裏を見るとわかりやすい。

　初夏から秋に居所を押さえておき、紅葉の季節に再訪してみたい。ちいさくて真っ黒な実が房状に垂れさがっているだろう。水気が多いものはやや酸味が強いのだけれど、霜に当たると甘さが倍増。大変美味。

🍂 甘美な誘惑と落とし穴

　野には「ブドウ」の名がつく植物がいくつかあり、いささか混乱を招いている。

　秋冬になると、美しい水色や紅・ピンクといったカラフルな実を鈴なりにつけるものがある。これはノブドウ。「おいしい野生のブドウだ」と勘違いする人も多いが、ノブドウの実は食用にされない（ツル先は民間生薬や野草茶に使われる）。

　熟練者が「絶品」と称賛するのは「ヤマブドウ」である。未熟な実は天ぷらで愉しまれ、秋冬に黒く完熟した果実は生食、ジャム、ソース、デザート、果実酒に。芳醇でフルーティーな甘さが絶品だが、自然豊かな丘陵や山地で点々と見つかるくらい。そして近年、結実を見る機会が少なくなっている。見事に収穫できた人は存分に山野の甘露をご堪能あれ。

エビヅル
Vitis ficifolia var. lobata

北海道〜九州に分布するツル性の木本。開花は6〜8月。平野部から山地の道ばたや公園のヤブで見つかる。葉が大きく「山の字」みたいな切れ込みがありよく目立つ。わかりやすい特徴は、葉の裏に「白〜赤褐色」の毛が絨毯みたいに密生すること。また「ツルのだし方」にも特徴があり、本種は2節続けてツルをだしたら、その次はださない。完熟果は黒色で霜に当たることで甘さが倍増する。

ヤマブドウ
Vitis coignetiae

北海道、本州、四国に分布するツル性の木本。開花は6月。丘陵や山すそのヤブ、山地の林縁などにいる。自生地は局所的で見つからない地域も多い。葉の姿はエビヅルやノブドウとよく似るが、葉がひとまわり以上も大きい。葉の裏にはエビヅルのように褐色の毛を生やすが、脱落しやすいところが違う。「ツルのだし方」はエビヅルと同様で「2節連続でだしたら、次はお休み」になる。結実は黒く、完熟期は9〜10月。

ノブドウ（ブドウ科ノブドウ属）
Ampelopsis glandulosa var. heterophylla

全国に分布するツル性の木本。開花は7〜8月。身近な道ばた、公園のフェンス、荒れ地、雑木林やヤブに多い。エビヅルやヤマブドウと似るが、秋冬の結実が「カラフル」なので間違えることはない（本種の実は食用不適とされる）。葉の形は変化が多いが、「ツルの出方」を見れば確実。本種のツルはすべての節から、かならず葉と対になってだす。葉裏の毛の量も「少ない」。

秋冬の野草

autumn &winter

ナス科ナス属

ガーデン・ハックルベリー

Solanum scabrum

性質 1〜多年生

分布 アフリカ原産

開花期 8〜9月

収穫 結実（完熟）……8〜10月

食用 ジャム、ソース
※食べすぎや連続摂取は避ける

"食べられる"情報にご注意

ジャガイモに含まれる毒性物質α-ソラニン、α-チャコニンは有名である。ここでご案内する仲間のすべてがそれらを含む。この毒性、ちょいとばかし気まぐれで。

イヌホオズキの仲間を好んで食べる人は多く、世界各地で食用・薬用にされる。しかし臨床医学論文などでは、そうした地域で中毒患者が多発していることを報告する。日本でも「おいしく食べる人」と、食べた途端に気分が悪くなりトイレに駆けこむ人がいる。あるいはひどい腹痛、そして頭痛を起こしたケースもいくつか聞いてきた。

この毒物への感受性は個人差が非常に大きいことが知られてきた。子供はとりわけ敏感で、大人の半量以下で中毒するため、救急搬送の大半を児童が占める。

バクチを打てども喜び少なし

イヌホオズキの仲間は各地の道ばたに多く、真っ黒な実を鈴なりにする姿がよく目立つ。生食したり、たいていはジャムにする。「しっかり加熱して減毒する」という情報もあるが、それでも軽い中毒を起こす。なぜなら熱湯で茹でる程度の温度では無害化されぬからだ。

「食用イヌホオズキ」と呼ばれる種族もいる。英名をガーデン・ハックルベリーといい、毒性が少なめと評価され、先進各国で盛んに栽培され、日本でも人気を博した。これが道ばたのイヌホオズキとそっくりで、「だから道ばたのものも大丈夫」と考える人たちがいるが、完全に別物である。道ばたのイヌホオズキたちは種類が多く、分類学者も悩み込む難題。そしてガーデン・ハックルベリーでも軽い中毒を起こす人がいる。剣呑剣呑。

ガーデン・ハックルベリー
Solanum scabrum

アフリカ大陸(北部を除く)に広く自生する1〜多年生(※Kew王立植物園データベースより)。開花は8〜9月。この「茎葉」と「結実」は世界各地で食用・薬用に用いられるが、先進国では「茎葉は有毒」として注意喚起される。全草にジャガイモの新芽などに含まれるα-ソラニン、α-チャコニンが含まれ、結実も例外ではない。完熟するとこれらの含有量は減少する傾向もあるが、決して万人向きではない。もしも試すなら少しずつ、様子を見ながら。

イヌホオズキ
Solanum nigrum

全国に分布する1年生。花期は8〜11月。道ばた、草地、荒れ地に「たまに」いて、全草に有毒成分を豊富に含む。身近では本種ではない外来種や雑種が大半を占めており、毒性にも大差がある。見分けるには多くの比較標本(特に花と結実)といくつかの海外論文が不可欠で、多忙な人にはちょっと向かない。「食べられる」、「薬用になる」という情報はたくさんあるが、アタるかどうかは体調と体質次第。もしもアタるとかなりキツい。

ホオズキ
Physalis alkekengi var. *franchetii*

「食べられる」と思われている方が多いのでご参考までに。
中国原産の多年生。開花は6〜7月。全国で栽培され、盛んに逃げだして元気よく野生化する。完熟した実で笛をこさえて遊んだ世代は「実は食べられる」と覚えているだろう。しかしジャガイモやイヌホオズキと同じ有毒成分を含み、嘔吐、腹痛、頭痛、下痢を誘発することがある。全草が有毒なので食用は不可。民間薬とされるも専門医の指導が不可欠となる。

ヤマノイモ科ヤマノイモ属

ヤマノイモ

Dioscorea japonica

性質 ツル性の1年生（部分的多年生）

分布 本州〜琉球

開花期 7〜9月

収穫 葉・ツル先……5〜10月
ムカゴ……8〜11月
根（薯）……10〜4月

食用 葉など：天ぷら、和え物など
ムカゴ：炊き込みご飯、蒸し料理
根：天ぷら、トロロ料理など

散歩道が収穫地

ヤマノイモ（山の芋）やナガイモ（長芋）というと自然薯を思うが、このすばらしい生き物たちは苦心して根を掘らずとも愉しみは多い。

晩春から初夏にかけて、旺盛にツルと葉を伸ばす。やわらかな葉とツル先は、天ぷら、和え物、炒め物にするとおいしい。やがて立ち上げる可愛らしい花穂も同じ要領で愉しむ。どれも手軽で応用範囲も広い。

秋は茎の合間につけるムカゴが大人の舌を喜ばせる。そのネバリと香味は自然薯の味とそっくり。たくさん採れる場所を見つければ、人目を忍んで自然薯を掘る必要はまるでない。よく洗い、軽く塩茹でし、炊き込みご飯、椀物の具、甘辛く炒めたり煮物料理などに加えると、ホクホクしてとても幸せ。ただ毒草を採る人が多いことも事実である。

知れば極楽、知らねば地獄

毒草とは「オニドコロ」である。ヤマノイモやナガイモが野生する場所に多く住む。民間薬の原料となるが、だから食べても安全とはならぬ。実際、「ひどい嘔吐、腹痛、下痢で数日寝込んだ」という話しをたびたび聞く。

もっともシンプルな見分け方は「葉のつき方」。道ばたで見つけたとき、まずはツルをたぐり寄せる。ツルに対して左右対称に葉をつける（対生）ならヤマノイモやナガイモ。一方、ツルに対して「片側だけ」に葉をつける（互生）は有毒種たちの特徴。有毒なオニドコロの葉はかならず「互生」する。オニドコロもムカゴをつけるため、多くの人がこちらを採って失敗する。葉のつき方をチェックすればもう大丈夫。有毒種の葉は常に「互生」する。初めのうちは「葉が対生」のものを選べば安心。

ヤマノイモ
Dioscorea japonica

本州〜琉球に分布するツル性の1年生（株元の1部分だけ多年生）。開花は7〜9月。身近な道ばた、ヤブによくいる。葉の「つき方」は基本的に「対生」で、地域により互生するものが混ざる。葉は細長いハート形で、葉脈は縦方向のシワが目立ち横ジワは見えない。秋にムカゴをつける。

オニドコロ
Dioscorea tokoro

北海道〜九州に分布するツル性の多年生。開花は7〜9月。身近な道ばたやヤブに多く、しばしば庭に入ってくる。春先の葉のフォルムはヤマノイモとそっくりだが、葉が「互い違いにつく（互生）」。葉脈を見ると「横ジワ」が多く、成長につれていっそう顕著になり、葉も丸いウチワ状に。ムカゴをつけるが苦くてマズい。全草有毒。

ナガイモ
Dioscorea polystachya

中国原産のツル性の1年生（株元の1部分だけ多年生）。開花は7〜9月。本州から琉球の道ばた、ヤブ、林内で野生化。ヤマノイモほど多くはないが、身近な野生の自然薯。葉は「対生（例外あり）」し、葉の上部が「耳状」に張りだしてツヤツヤする。葉脈は「赤紫色」になりがち。秋にムカゴをつけ、これもおいしい。

タチドコロ
Dioscorea gracillima

福島〜九州に分布するツル性の多年生。開花は4〜6月。身近な道ばたのヤブや林内に多い。葉のフォルムがナガイモとそっくりで間違えやすい。葉は「互生」し、この葉の縁には「とても微細なシワ」が多く入ってギザギザする（ナガイモはツルっとするほか、葉脈の色が赤紫になりがち）。本種はムカゴをつけない。全草が有毒。

キク科シオン属

ヨメナ

Aster yomena var. yomena

性質	多年生

分布 中部～九州

開花期 7～10月

収穫 若葉……3～5月
花……7～10月

食用 葉：ヨメナ飯（炊き込みご飯）、
和え物、炒め物、天ぷら、
汁物の具
花：天ぷら、トッピング

🦋 和食の伝統美を風雅に愉しむ

ヨメナは古名をウハギといい、なんと奈良時代から愛され続ける"野の幸"である。"嫁菜"の由来も、春の若菜が飛び抜けておいしいから——という説があるほか、"婿菜（シラヤマギク）"に比べて見た目と味が優しく女性的であるから、などと諸説ある。

若菜や成長期の葉には独特の香味があり、さまざまな料理に使われるが、広く愉しまれるのは昔もいまもヨメナ飯。ヨメナの葉を混ぜた炊き込みご飯である。

これに旬の魚料理や漬け物、椀物をあわせる。こうして家族・友人と囲む食卓は、なんとも贅沢で風雅なひと時に。日本伝統の異世界を旅するようでとても心地がよい。

問題は、徹頭徹尾、見分け方。

🦋 誘っておいてナンですが

美味と名高きヨメナも、お浸しで食べると激烈にマズい。味の調整は必須である。

そして多くの人が「ヨメナとは違うナニか」を召し上がっている。ヨメナの収穫には秘技があり、前年の開花期（秋冬）に確実に見分けて居所を突き止め、翌春に収穫するのが王道。

重要なポイントは右ページに挙げる。あまりにも細かすぎてイヤになるやもしれぬが、万葉の時代から宮廷貴族たちが愛し続けた"ホンモノ"を見事に選び抜き、あらためて宮廷の雅な味わいを堪能してみたい。

よく似たものが多く、けれども風味は格段に違う。右ページに挙げた仲間はヨメナとそっくりな仲間で、花色も淡い紫から白。すべて同じように食べられる。とりわけユウガギクは豊かな芳香が魅力の一品である。

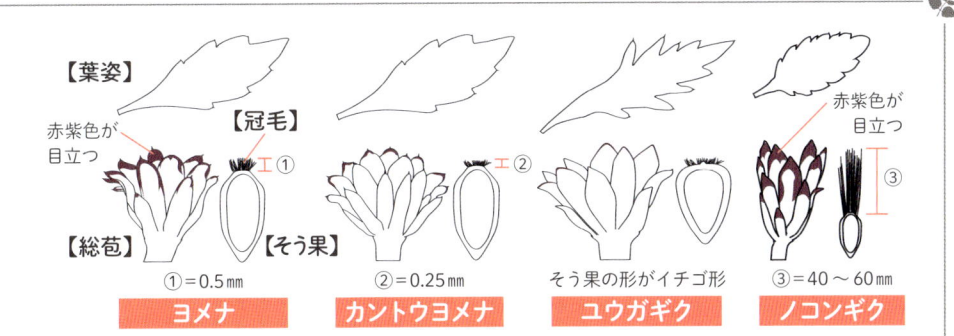

【葉姿】

赤紫色が
目つ

【冠毛】

エ ① ①＝0.5mm

【総苞】　【そう果】

ヨメナ

エ ② ②＝0.25mm

カントウヨメナ

そう果の形がイチゴ形

ユウガギク

赤紫色が
目立つ

③ ③＝40〜60mm

ノコンギク

ヨメナ
Aster yomena var. *yomena*

中部〜九州に分布する多年生。開花は7〜10月。近畿の一部ではカントウヨメナと混生し、見分けがきわめて厄介。決定打は「そう果」の「冠毛」の長さ。花色や葉の形は変化が多く、あくまで目安。「総苞片」と「そう果の冠毛の長さ」をあわせてみる。

カントウヨメナ
Aster yomena var. *dentatus*

関東地方を中心に分布する多年生。開花は7〜10月。ユウガギク、ノコンギクと混生するので悩ましい。ユウガギクとの決定打は「そう果」の形。ノコンギクとは「総苞片の色（本種は緑色）」で見分ける。

ユウガギク
Aster iinumae

本州の近畿以北に分布する多年生。開花は7〜10月。葉の縁の「切れ込みが深い」のが特徴だが変化が多い。葉を揉むと強い芳香が立つ（ないものもある）。「総苞片（緑色）」と「そう果（イチゴ形）」で区別すれば確実。

ノコンギク
Aster microcephalus var. *ovatus*

本州、四国、九州に分布する多年生。開花は8〜11月。雑木林のまわりや耕作地周辺、土手や河原などに多い。ヨメナの生息地では混在する。「総苞片」の赤紫色がよく目立ち（❶）、指先で花をかき分けたとき長い冠毛（❷）が見えたら本種であろう。

キク科ベニバナボロギク属

ベニバナボロギク

Crassocephalum crepidioides

性質 1年生

分布 熱帯アフリカ原産

開花期 8〜10月

収穫 葉……5〜10月

つぼみ・花……8〜10月

食用 葉：天ぷら、お浸し、和え物、
炒め物（チャーハンなど）

つぼみ・花：天ぷら、和え物

"流浪の旅"はツウ好み

さまざまな山菜・野草をおいしく食べてきた人たちほど、ベニバナボロギクに深い愛情を惜しみなく向ける。

"ボロギク（襤褸菊）"という名は在来種のサワギクの別名で、サワギクが群れて開花・結実する姿が「まるでボロ切れのようだ」というのが由来らしい。"紅花"がついたのは本種の花色から。

土地の開発あるいは自然災害で「土がむきだし」になると、真っ先にやってくる開拓者。数年ほど仕事に励んだら忽然と姿を消す。綿毛を飛ばして付近に移動し、点々と居所を移しながら「復興が必要な土地」を探し求める放浪者。愛すべき野辺の友人だ。

このやわらかな葉、つぼみ、花穂がおいしい春菊風味。エグ味はなく、香りが高い。

ボロボロ三姉妹の懐刀

ひとたびベニバナボロギクを食べた人は、また食べたくなって採取地へ。同じエリアにはもういない。放浪者との出遭いは運次第。見た目がそっくりで、花色が「淡いクリーム色」のダンドボロギクも開拓を好む旅浪者で、同じような利用法で愉しめる。お味のほどは十分なのだが、ベニバナボロギクの豊かな香味にはおよばない。

ノボロギクもまた身近でよく見る種族。全草の姿はまるで違うが、これも食用にする人々がある。しかし肝臓に強い毒性を示すアルカロイドを豊富に含む有毒種。実はベニバナボロギクとダンドボロギクにもいくらか含まれるため（農林水産省消費安全局）、下ごしらえをしっかりと。有毒物質は水溶性。調理前に水に浸し、茹でたあとも長めに水にさらして減毒する。

ベニバナボロギク
Crassocephalum crepidioides

熱帯アフリカ原産の1年生。開花は8〜10月。本州〜琉球の道ばた、荒れ地、雑木林のまわりなどに多い。都市部や山間部の開発地や空き地で多発する。草丈は50〜100cmほどで、たまに大人の身の丈ほどに大きくなる。特徴は、葉のつけ根に「柄」があり、茎の中間から下にある大きな葉に「深い切れ込み」が入る。花色は「明るいレンガ色」。開花しても、茎の上部にあるやわらかな葉は食用向きに。つぼみや花も美味。

ダンドボロギク
（キク科タケダグサ属）
Erechtites hieraciifolius

北アメリカ原産の1年生。開花は8〜10月。全国で見られ、ベニバナボロギクと同じ環境に生えてくる。草丈は大人の身の丈ほどに育ち、大きな葉をたくさんつける。葉は細長く、その縁には鋭い鋸歯が並ぶ。ベニバナボロギクとの違いは、葉に「柄」はなく、葉身に「深い切れ込みが入らない」ことと、花の色が「淡いクリーム色」であること。利用方法は同じ。本種は雑味が多めでエグさが残りがち。下ごしらえをていねいにするとおいしくなる。

ノボロギク（キク科キオン属）
Senecio vulgaris

ヨーロッパ原産（推定）の1〜越年生。開花はほぼ通年（真夏を除く）。都市部の道ばた、宅地、空き地から山間部にも多数。耕作地でも無限に殖える迷惑雑草として悪名高い。全体的に小柄で草丈は30cmかそれ以下。花の色は「黄色」。葉は多肉植物のように肉厚で、ギタギタと荒っぽく切れ込む姿が特徴的。全草にピロリジジン・アルカロイドを豊富に含み、これには肝毒性がある。台湾などでは公共機関が食用とせぬよう注意喚起する。

autumn
&winter

秋冬の野草

ヒユ科イノコヅチ属

ヒナタイノコヅチ

Achyranthes bidentata var. fauriei

性質	多年生
分布	本州～九州
開花期	8～10月
収穫	葉……6～10月
食用	やわらかな葉：天ぷら、お浸し、和え物、炒め物、汁物の具など

🍃 コレがおいしいからおもしろい

このそっけない見た目の植物には、思わぬ美点が隠されている。若い葉を天ぷらにすると「高級えび煎餅」の味がする。サクサクした食感の奥底から、腰の入った甲殻類のウマ味がこんこんと湧き上がる。ここに軽く塩をすると、ポテチ感覚でキリなく食べてしまう。

住宅地の道ばた、畑地、荒れ地など、どこにでもいる種族で、放っておくと一面を埋めつくしてしまう"迷惑雑草"の1つ。

イノコヅチは、茎の途中にある節の部分が「紅く腫れたように膨らむ」のが特徴だが、この姿がイノシシのカカトに見立てられ猪子槌と呼ばれるようになった。

おいしいのは、茎先のやわらかな葉。ところが葉の時期はほかの植物との見分けが難しい。しかし秋の開花期（写真）になれば「ああ、道ばたのあれか」とわ

かりやすい。

ツンツン、トゲトゲした花穂が目印になる。

収穫は初夏から晩秋まで可能。開花するとウマ味は激減するけれど、脇から生えた枝の若葉が美味。そちらを狙うとよい。

ユニークな香味が強く残るのは天ぷらや素揚げだが、お浸し、汁物の具にしても大変食べやすい。そっくりなヒカゲイノコヅチもおいしい「えび煎餅風味」である。

キクイモ

Helianthus tuberosus

性質	多年生
分布	北アメリカ原産
開花期	9〜11月
収穫	若葉……4〜5月 イモ（塊茎）……10〜2月
食用	若葉：天ぷら、炒め物 イモ：天ぷら、かき揚げ、キンピラ、 　　　汁物の具

🌿 荒れ地を飾る薬膳食材

　キクのような花を咲かせ、地下に"イモ"をこさえるのでキクイモ（菊芋）。こう見えてもヒマワリの仲間である。全国各地で栽培され、人里のまわりでおおいに野生化し、道ばたや荒れ地で"君臨"する姿をよく見かける。

　農産物売り場や道の駅では、このイモがたくさん売られるが、もちろん道ばたでも採れる。ただしスコップが必要で、野生のものはイモがちっこい。何株も掘らぬと料理にならぬ。

　デンプンはほぼなく、代わりにイヌリンが豊富。この成分は整腸作用、血糖値の上昇抑制、脂質代謝の改善、ミネラル吸収の促進など、あなたが必要とする機能性を多く有する（T. Wada et al.,2000;B. Cleessen et al.,1997 ほか）。

　魅力的な薬膳食材といえるが、いくつか

のポイントを押さえることでさらに仲よく暮らしてゆける。

　その味は独特のクセがあり、肉質もシャリっとするほど硬め。かき揚げ、キンピラ、味噌汁の具が里山料理の定番だが、好き嫌いが完璧に分かれる。しかしあらかじめ長く水にさらすだけで格段においしく仕上がる。

　イヌリンがもっとも豊富なのは論文によると10月だ。寒さが厳しくなるほど減少するので秋のうちに収穫するとよい。

autumn
&winter

秋
冬
の
野
草

アカネ科アカネ属

アカネ

Rubia argyi

性質	多年生
分布	本州〜九州
開花期	8〜9月
収穫	根（根茎）……9〜11月
食用	※一部の好事家が食べる
薬用	止血（体内を含む）、通経など

※薬用利用は専門家の指導のもとで

暮れなずむ茜色の空は遠く

　まるで夕暮れの空がごとく、植物たちの姿と性質はその彩りを刻々と変化させる。人間の探究心もまたこれを追いかけ続ける結果、新鮮な事実が次々ともたらされる。

　雑木林や丘陵、山地に住まうアカネは、その根が高級染料の原料であり、また生薬原料としても広く利用されてきた。内服できる生薬なのだから「食べてみよう」という好事家もいるが、オススメできない事情がある。

　2004年、厚生労働省は「アカネ色素」を含む食品添加物は「食べないように」と注意喚起を行い、製造・販売・輸入を禁止するとの通知をだした。ラットの試験で腎臓がんを誘発する傾向が見られたためである。人体への影響は"詳細不明"だが、アメリカやEUもいち早く禁止。ここで問題視されたのは"西洋茜"の色素である。

　アリザリン、ルベリトリン酸が豊富で、これが有害性の原因と推定される。一方、日本のアカネの主要色素はプルプリンだが、アリザリンを含むとする学術論文や生薬文献がある（遠藤美枝ほか、1997など）。日本のアカネも内服や全草の食用利用には慎重でありたい。

kinoko

キノコ

愛らしく、
ときに奇怪で摩訶不思議。
豊かな"大地の心"を映す、
キノコの魅力、その魔力。

Prologue

高級キノコを身近で収穫

　散歩の道ばたはもちろん、ときには庭や畑に出現するキノコ。見かけるたびに「気になるあの子」のなかに、とんでもなくおいしいキノコがたくさん潜んでいたりするのである。

　なんとなく興味をもたれていた方はとても多いと思われるが、けれどもよいキッカケがない。たとえば「身近で見かけるおいしいキノコ」にはどんなものがあり、なにから覚えてゆけばよいのか——このシンプルで奥深い悩みに応えてくれる情報源は意外と少ない。

　本章では、身近にいて、初心者でも見つけやすく、とてもおいしいキノコたちをご案内していく。いずれもよく似た猛毒キノコがないもので、軽度の毒をもつものは初心者でも見分けやすいものだけを選び抜いている。

　このラインアップだけでも食卓の豪華さはケタ違いに。なにしろ本章でご紹介するほとんどのキノコは栽培不能な高級キノコ。見つけたものだけに贈られる自然の恵みとなる。

タマゴタケ（⇒ P.154）

キノコの実態

　キノコの「見分け」は植物以上に難しい。たとえば日本産の植物の場合、かなりの種族が「わかっている」。キノコの場合はまるで逆。身近で見られるキノコのうち「ごく一部しかわかっていない」。

　ただ、数少ない菌類学者の超人的とも思える熱意と根気のおかげで「よくわかっているのはコレだ」というメニュー表は整ってきた。そして「なにを食べたらアタるか」も、大勢の好事家たちの献身的かつ果敢な冒険のおかげで理解が進んできた。

　本章では意気軒高なフィールドワーカーでありキノコハンターの水上淳平氏の監修と写真をもとに、初心者が「キノコ沼」にハマれるまでの道のりをご案内していく。やがてキノコを見るたびに新たな興味をソソられるように。

観賞・識別のポイント

気になる（または食欲をソソられる）キノコを探すには、「生える場所」に注目したい。木に生えるのか（木材腐朽菌）、地面からでてくるのか（菌根菌や腐生菌）に違いがある。たとえば高級キノコのポルチーニの仲間（写真右。P.146以下）の性質は菌根菌で、木に生えることはなく、決まって地面からでてくる。

次にはおのずと「傘」を見る。大きさ、色味、形のほか「ヌメりぐあい」なども大きなサイン。そして「傘の裏側」にも個性がでるため、ここを見ておく習慣ができると大変よい。

傘を支える「柄」もまた重要で——とどのつまりは「下からポコっとモギる」のが手っ取り早い。キノコのつけ根部分を「石づき」というが、ここも種族の確定に重要である。

「モギったら可哀想」と思われた方は、その場でキノコをトントンと叩いたり振り回すとよい。子孫（胞子）をバラまけるので、キノコは見事に本懐を遂げる。大事な本体はそもそも木材の内部や地面の下にあるのでご安心を。

アカヤマドリ（⇒ P.146）

「おいしい」を愉しむには

植物の場合、おいしい山菜・野草たちはあまり手を加えない天ぷら、お浸しで味わうのが王道。ではキノコはどうか。

定番料理としては、食べやすいサイズに切ったら、鍋物、汁物に優しく滑り込ませる。ウマ味満載となったところをまったり味わう。

バター炒めも王道で、お好みでアサツキやニンニクスライスを混ぜて。少量の塩や微量の酢を加えれば味の深みが増してくる。

本章でご紹介する種族は、そもそもウマ味とコクが多いものばかり。まずはシンプルに「そのものの風味」を愉しみ、あとはお好みで自在なアレンジを愉しんでみたい。

そのためにも「下ごしらえ」が欠かせない。基本的な方法はP.178にご用意しておいた。

さて、美食キノコを探す旅路にでかけたい。

イグチ目イグチ科

アカヤマドリ

Rugiboletus extremiorientalis

発生環境 コナラ林、クヌギ林、シイ林など

収 種 初夏〜初秋

利用方法 鍋物、椀物、
炒め物（バター炒め）など
※「冷凍」や「乾燥」処理すると1年
ほど保存可能

性質など 菌根菌

🍂 至福の和製ポルチーニ？

　ヨーロッパで「ポルチーニ」といえば、とても人気がある高級品。その香りと味わいは、気軽な手料理にちょいと加えるだけで豪華な佳品に一変させる"魔法"をかけてくれる。人生、たまにはポルチーニの妖艶な魔法にまんまと魅了されてみるのも悪くない。

　このポルチーニ、日本の山野にも住んでおり、和名をヤマドリタケという。滅多に見つからぬほか、1980年代以降、そっくりな有毒種の存在が明らかになるなど、初心者にはオススメしかねる一品である。

　一方、アカヤマドリは一時期ポルチーニと誤解されたほどおいしい種族（香りはまるで違うのだけれど）。名前の由来は「傘の表面が山鳥の羽を思わせ、ヤマドリタケより赤いから」という説がある。

🍂 森の中のクッキーシュー

　山野で探すポイントとして、フィールド研究者の半谷美野子氏の表現が抜群である。「まるで焼きたての、とてもおいしそうなクッキーシュー」。

　サイズは大人のこぶしかそれ以上で、大きなものなら1本で500gほどもある。キノコの傘は、こんがりと焼きあがったパン生地みたいに赤茶色で、こんもりとふくらみ、白っぽいヒビ割れがよく目立つ。それがおいしそうなクッキーシューみたいにゴツゴツして見える。

　1カ所にまとまるより、林内に散らばっていることが多いが、よく目立つので探しやすい。

　ちいさな子は、傘の表面にしわ状の模様を浮かべている。これはそのままにして、数日後に再訪すれば「グルメも唸る美味」に変貌。

　フレンチのシェフが驚くほどの深い香味。

アカヤマドリ
Rugiboletus extremiorientalis

① 傘はドーム型で大きめ。色は赤褐色
② ヒビ割れがよく目立つ
③ 湿り気を帯びるとヌメリがでる
④ 傘の裏側は「スポンジ状」で色は鮮やかな「レモンイエロー」。成熟すると「抹茶色」に変化する。

風通しがよい明るい林内に住み、あっちで数個、こちらで数個と散らばって出現する。キノコはとても大きく、存在感があり、明るい色彩も手伝って探しやすい。ちいさなものはそのままにして、傘が開き始め、ヒビ割れが浅いもの（白い肉が見えない程度）が最高潮。株元に指を差し入れて優しく「ぽこっ」と収穫する。ヒビ割れが深く入り、白い肉まで見えるようになると、食感が「緩く」なり日持ちがしなくなる。傘が開き切らない幼菌の状態は歯切れがよく、香味が優しい。傘が開くと食感はやわらかで香りが芳醇。柄はシャキシャキと歯ざわりがよい。

🦋 寄生菌にご注意 🦋

　菌類の世界にも"寄生者"が存在する。
　右下の写真のキノコは間違いなくおいしいアカヤマドリなのだが、これは収穫しない。
　ヒポミケス菌属という菌類に寄生されると、正常な姿（上記写真）と様子が違ってくる。

アカヤマドリがひょこひょこでてくる場所ではしばしば見かけるが、これらの収穫は避けておきたい。（ヒポミケス菌属それ自体と、これに感染したキノコの安全性については詳細不明）

　ほかのキノコ類でも、通常の形と違ったり組織が異常にモロかったりするものは寄生されている可能性があり、収穫は踏みとどまるのが無難となる。

寄生を受けたことで変形や奇形を呈したアカヤマドリの姿。「全体が白っぽい粉をふいた」ものや、異常に「モロくなり崩壊しやすい」ものなどは寄生を受けている可能性が高い

キノコ

イグチ目イグチ科

ヤマドリタケモドキ

Boletus reticulatus

発生環境 シイ林、カシ林、コナラ林など

収 穫 初夏～初秋

利用方法 鍋物、椀物、
炒め物（バター炒め）など
※「冷凍」や「乾燥」処理すると1年
ほど保存可能

性質など 菌根菌

🦋 ポルチーニ“モドキ”の実力

いまから100年以上も前から、日本の山野にもヨーロッパと同じポルチーニ（*B. edulis* など）がいるようだと盛んに研究されてきた。

初めに現在のアカヤマドリ（前出）が、続いて現在のヤマドリタケモドキがそれではないかと考えられてきた。

日本産ポルチーニといわれるものは、結局、ヤマドリタケ（*B. edulis*）になったが、亜高山や寒冷地の山林に住み、見つける機会は滅多にない。一方、温暖な地域ではヤマドリタケモドキが出現し、なんと都市部の林内や公園などの陽当たりのよい場所にも出現する。本種も格別に美味な逸品として人気が高く、深みのある香味を存分に愉しむことができる。「柄にハッキリした網目模様が目立つ」というポイントを押さえ、散歩の途中に狙ってみたい。

🦋 “モドキ”に似たモドキにご注意

「これ、ヤマドリタケモドキじゃないか！」

そう思って近づき、ポイントとなる「柄の網目模様」を確認する。網目が立体的に浮かぶキノコは「そうあるものではない」と思い、手を伸ばす――が。

そう。「重要ポイント」であることは間違いないが、「ポイントだけに気を取られる」というのは初心者ばかりか上級者もよくやるミスだ。重要な識別ポイントは、全体の色彩や雰囲気と「あわせる」ことで初めて威力を発揮するもの。

たとえばニセアシベニイグチ（有毒）は、雰囲気や「柄の網目模様」がヤマドリタケモドキを思わせる。けれども傘の色味がやたらと明るめで、試しに傘や柄を指で押したり軽く傷をつけると「青く変色する」。可愛いけれど、収穫は避ける。

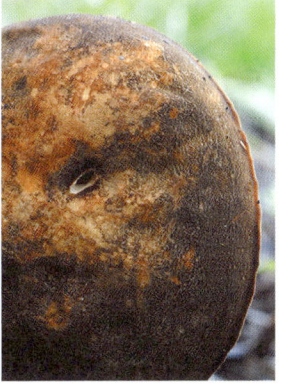

ヤマドリタケモドキ
Boletus reticulatus

① 傘はまんじゅう型で黒褐色～赤褐色系
② 表面は「なめらか」
③ 湿り気を帯びるとヌメリがでる
④ 傘の裏側は白～抹茶色で「スポンジ状」
⑤ 柄の部分に「網目模様」がある

山林はもちろん大都市圏にも発生する。公園の陽当たりがよく、乾燥気味の場所にひょっこりと顔をだす。こうした場所では虫食いが少なくキレイな個体が多いので、ぜひ探してみたい。上記⑤の「柄の部分に"網目模様"がある」が重要な識別ポイント。この模様はくっきり浮かび上がる（隆起する）のが大きな特徴。④は「おいしさ」の判断に。傘の裏が「白色」のものが食べごろのサイン。「その香りとウマ味は本家ポルチーニに決して劣らぬ」と評価するキノコ屋さんもある。これが身近で最良のときに収穫できたりするのだから、秋の散歩がたまらなく愉しくなる。

ニセアシベニイグチ
Boletus pseudocalopus

① 傘はややひらべったい。色は赤～黄褐色
② 表面は「なめらか」
③ ヌメリはなく乾燥する
④ 傘の裏側は「スポンジ状」
⑤ 柄の上部に「網目模様」がある

見た目の雰囲気がヤマドリタケモドキなどを思わせる。コナラやマツが育つ林内に出現し、キノコは大きめでよく目立つ。傘の色はイエロー系が強めにでることが多いが、全体が淡いピンクっぽくなるものや、赤褐色（ヤマドリタケモドキの色）に近いものもある。「柄の網目模様」を確認したら、爪先で軽く傷をつけてみる。傷口が「青色」に変化したら有毒な本種であり採取は控えたい（本種の場合は柄の部分を指で押すだけでも青く変色する）。キノコの識別では「軽く傷をつけてみる」ことが大事になるケースが少なくない。

ムラサキヤマドリタケ

Boletus violaceofuscus

発生環境 コナラ林、クヌギ林、シイ林など

収 穫 夏〜秋

利用方法 鍋物、椀物、
炒め物（バター炒め）など

性質など 菌根菌

🌿 ノドから手がでる美食キノコ

　なんとも格式が高そうな、存在感にあふれたキノコ。本種もポルチーニの仲間で、味わいも最上クラス。「見分けやすい」ことも大きな魅力で、林床からズンと立ち上がり、大きく開いた傘は濃厚なグレープ色。傘の色は個体差があり、まだら模様や白色まであるけれど、「柄の部分」が特徴的で、常にグレープ色に染まり、目を奪うほど美しい網目模様を浮かべる。さながら"セクシーな網タイツ姿のふくらはぎ"。柄の部分も食感がシャキシャキしておいしい。

　この高貴な紫色のキノコは希少価値が極めて高く、市場では高価で取り引きされる。まんまとこれを見つけたときの感激はなにものにも代えがたい。

　キノコ狩りにでかけるときは、本種の存在を頭の片隅で意識しながら挑んでみたい。

① 傘の地色はグレープ系。クリーム色やオリーブ色
　（淡い黄緑系）のまだら模様が入ることも
② 傘の裏面は「乳白色」で「スポンジ状」。成熟に
　つれて色味はオリーブ色へと変化する
③ 柄の部分もグレープ系で白っぽい網目模様がよく
　目立つ

ベニタケ目ベニタケ科

チチタケ

Lactifluus volemus

発生環境 コナラ林、クヌギ林など

収 穫 夏〜秋

利用方法 鍋物、椀物、炒め物、
麺類の具など

性質など 菌根菌

🌸 一部の地域で「異常な人気」

その見た目は「よく見る感じのキノコだなあ」という印象。皮製品を思わせる重厚感のある茶色のキノコで、サイズは小型〜大型までいろいろ。特徴は傘の中央部が明らかにヘコみ、爪先で軽く傷をつければ、白い乳液をじんわりと滴らせる。そこから乳茸の名がある。

食感よりも、コクのある奥深い味わいが魅力で、鍋物、焼きそば、パスタに入れると実力が炸裂。ソバやうどんのツユのベースにも最適。

この深いウマ味は乳液にも宿る。収穫時に傷をつけぬよう、指先で根元からズボっと抜くのが正解。ナマの状態の乳液はひどくベタベタして魚臭いのだが、調理するとすばらしいウマ味を発揮するからおもしろい。覚えやすく、見分けも簡単で、身近で採れるのもありがたい。

① 傘の地色は赤茶色系で風合いは「ビロード状」。中心部がくぼみ、全体的なフォルムは漏斗型
② 傘の裏面は「乳白色〜淡い黄色」で「ひだ状」
③ 柄の部分は傘とよく似た赤茶色系。目立つ付属物はない
④ どこを傷つけても「白い乳液」をたらりと滴らせる

ベニタケ目ベニタケ科

アイタケ

Russula virescens

発生環境	コナラ林、クヌギ林など
収 穫	初夏〜初秋
利用方法	鍋物、椀物、うどんの具、炒め物（バター炒め）など
性質など	菌根菌

見た目と違う「思わぬ妙技」

キノコで「青緑色」という見た目は、決して食欲をソソられるものではないだろう。とてもユニークな色調から藍茸と呼ばれる。

幸い、アイタケはおいしい種族である。コナラやクヌギなどが育つ雑木林に出現し、大きめの傘をどこか自慢気に広げている。全体的な印象が白っぽく見えるためよく目立つが、群生することはなく、散らばるように生えている。

傘はやわらかで、ナッツを思わせる香味とコクがあり非常に美味。柄はやや硬く締まった感じだが、この食感が心地よい。

キノコ自体はモロいため、収穫後はていねいに扱うとよい。

焼き物、炒め物でも無難においしく愉しめ、椀物や鍋物に入れると途端に「おいしいダシをだしてくれる」という嬉しい妙技を披露する。

一挙"三得"を狙うもよし

アイタケは、高級食材のアカヤマドリやヤマドリタケモドキと同じシーズンに同じような環境に発生する。ポルチーニの仲間探しにでかけたときは一挙両得を狙えるチャンスである。

そこにもう一品、加えてみてもよいだろう。カワリハツである。

「傘の色に変化が多い」のでその名があり、山林から都心部の林内など広い地域で見ることができ、世界中で食用とされる。

始めのうちは「傘が緑〜青色」の系統を選ぶとよい。赤系のものはよく似た毒キノコと混乱しやすい（ドクベニタケなど）。

見た目はアイタケとそっくりで、香りや食感もよく似ている。クセはなくおいしいダシが取れるので、うどんや鍋物に最適。

一度の狩りで数種の美味を一挙獲得。

アイタケ
Russula virescens

① 傘の地色は「白」。ここに「ミントグリーン」が溶けるように広がる（またはスポット模様になる）。傘の中心部がわずかにヘコむ傾向がある
② 傘の裏面は「乳白色」で「ひだ状」
③ 柄の部分は「白」。目立った付属物がつかないシンプルな構造が特徴。柄を裂くと縦に裂けずに「ぼそぼそ」と崩れることも大きな特徴（ベニタケの仲間に共通）

平地から山野にかけて、人の手が入るエリア（林道沿いやキャンプ場のまわりなど）で広く見られる食用キノコ。傘が白っぽく、そこにミントグリーンのお化粧をしていたら本種を疑ってみてもよいだろう。
本種は他の生き物たちにも人気の食材で、すぐに「虫食い」が始まる。綺麗な個体を見つけることができたら我が身の幸運を素直に喜びたい。よく似たものにカワリハツの緑系がある。

カワリハツ
Russula cyanoxantha

① 傘は平らに開き、やがて漏斗型に反り返る。色は紫、ピンク、青、緑など多彩に変化
② 傘の裏側は乳白色で「ひだ状」。ひだは数が多く緻密になるのが大きな特徴
③ 柄の部分は「白」。中間部が太く、下部が細めになる

さまざまな林内に発生する。地面のうえ、もしくは樹木の下などでまったりと傘を広げている。乾燥にも強く、雨が少ない季節や場所でも盛んにキノコを生やすことができるので、出遭える機会は多い。
ベニタケ科の仲間で、傘の色が「緑系」であれば食用にできるものが多く、少なくとも明らかな毒キノコはいまのところ知られていない。
ただ、少しでも種族の特定に不安がある場合は勇気をもって採取を避けておき、本来の目的であるポルチーニの仲間探しに戻りたい。

ハラタケ目テングタケ科

タマゴタケ

Amanita caesareoides

発生環境	広葉樹林、針葉樹林
収穫	夏〜秋
利用方法	天ぷら、サラダ、鍋物、椀物、炒め物（バター炒め）、パスタの具など
性質など	菌根菌

❀ それは愛らしくておいしいキノコ

まるで"絵本の世界"から飛びだしてきたようなお姿。真っ赤でぽっちゃり。初夏と秋の雑木林の道ばたにぽこぽこと出現する。いにしえの魔女の呪文でもこめられたのか、ひときわ"妖しい輝き"を放つものの、香り豊かで味わい深い。身近でもっとも人気があるキノコの代表格である。出始めのころ、タマゴみたいな白い膜にくるまれているのでその名がある。

赤色の傘が開く前（右ページ写真）がもっともおいしい。これをよく洗ってからナマのままスライスし、オリーブオイル、塩コショウ、ニンニクを混ぜたドレッシングをかけて食べると絶品。

傘が大きく開いたものには独特の臭みがでやすく、苦手な人もいるが、天ぷらにすればクセがやわらぎ食べやすくなる。

❀ こちらは"魔女"好み

タマゴタケが所属するグループは、実のところ"毒キノコ・クラブ"である。それこそ世界中の物語で魔女や呪術師がこよなく愛用してきたベニテングタケも血縁が近い。

ベニテングタケは、中部地方から北側の標高1000m付近の針葉樹林や白樺林でしばしば見かける。こうしたエリアではタマゴタケとの見分けが大事になる（右図）。

中毒症状は胃腸系と神経系で、食後数十分で嘔吐、泥酔状態に陥る。死に至ることはまずなく、幻覚・錯乱状態は数時間で終焉を迎え、翌日には回復することが多い。

さらにタマゴタケが幼い時期（白いタマゴの膜にくるまれる状態）はとてもおいしいが、かならず皮を裂いて「傘の部分が赤い」ことを確認したい。赤くないものは有毒種の可能性がある。

タマゴタケ
Amanita caesareoides

① 傘は「赤〜朱色」で光沢がある
② 柄は黄〜オレンジ色の模様がある
③ 株元に「白い袋」が残っている
④ 傘の裏側は「ひだ状」で「黄色」

風通しのよい雑木林の道ばた、草地、ときに芝地からも顔をだす。たまにコロニーとなって多数の赤いタマゴが林立することもある。

傘が開く前の幼菌の状態なら、数日ほどはそのまま冷蔵保存できる。傘が開いたものは非常に痛みやすいので、収穫から数時間以内に調理するか冷蔵するとよい。

多くの図鑑では「非常に美味」とあるが、傘が開き切ったものや、収穫から時間が経ってしまったものは「臭み」がでておいしくない。

ベニテングタケ
Amanita muscaria

① 傘は紅く、「白いイボ」が多数
② 柄は白色
③ 株元の「白いツボ」の部分にブツブツした突起が環状になる
④ 傘の裏側は「ひだ状」で「白」

見た目が「紅く」、「白いイボ」が多数あれば本種の可能性がある。ただ「白いイボ」は雨などで落ちやすいため、株元（❸）、傘の裏側の色（④）を確認すれば安心。

ウマ味成分が豊富で、食べてもすぐに毒だとは気がつかない。お酒と一緒に食べると「悪酔い」との区別がつかず対処が遅れるが、時間の経過とともに快方へ向かう。異常行動、痙攣、無反応があれば速やかな119番通報が望ましい。

タマチョレイタケ目ハナビラタケ科

ハナビラタケ

Sparassis latifolia

発生環境	アカマツ林などの針葉樹林 マツ類の根元、切り株、倒木
収穫	初夏～初秋
利用方法	鍋物、椀物、炒め物、和え物、 パスタの具、炊き込みご飯など
性質など	木材腐朽菌

華やぎに満ちた高級珍味

その「圧倒的な華やぎ」に、誰もが思わず驚きの声をあげる。乳白色の巨大サンゴが大地にデンと腰を据えているかのよう。

これまでの種族と違い、本種は木材腐朽菌で、この仲間は"栽培"が可能。おいしい食材として高価で取り引きされる（※この仲間の分類詳細については諸説あり）。

針葉樹の株元や倒木に発生し、ぷりぷりモコモコした花びら状のキノコが賑々しく盛りあがる。毎年、同じ樹木から発生する傾向があるほか、よく似た毒キノコがないことも入門者向きである。

その味わいもすばらしい華やぎに満ち、食感は見た目のとおり、口の中で心地よく弾む。クセがなく、どんな調理法にもなじむため、天ぷら、味噌汁、炒め物、炊き込みご飯などで大活躍。キノコご飯は味が沁みて絶品だ。

覚えやすく、みんなで愉しめる山の恵み。

① 地色は「乳白色～淡いクリーム色」。見た目は白っぽい巨大なサンゴを思わせる
② 感触は肉厚でぷりっぷり
③ 直径10cmのものから、大人がどうにか抱え込めるほどまで大株になることも

イグチ目ヌメリイグチ科

ハナイグチ

Suillus grevillei

発生環境	カラマツ林の地面
収 穫	秋〜晩秋
利用方法	鍋物、椀物、炒め物など
性質など	菌根菌

ピンポイントの収穫祭

キノコ狩りを愉しむなら、この種族は確実に押さえておくとよい。ヌメリが強くてウマ味も豊か。とても人気が高いキノコでありながら、よく目立ち、見分けも簡単で、収穫量が多いのだ。

ハナイグチを探すなら、まずはカラマツ（落葉針葉樹）が育つ山野を訪ねる。カラマツやその仲間（カラマツ属の樹木）と強い共生関係にあり、林内を歩くと、カラマツの周辺の地面からポコポコと生えているのを簡単に見つけられる。

中型〜大型のキノコで、傘は見事な赤茶色。傘はヌメリがたっぷりで、湿った場所では紅いランタンのように輝いて見え、よく目立つ。

似たものがあるので、ひとまず「傘の裏側」や「柄のつばの有無」などを押さえておきたい（右図）。生息域では出現数がとても多いので大収穫が可能。同じエリアではやはりおいしいシロヌメリイグチ、キノボリイグチも出現する。

① 傘の地色はよく目立つ赤茶色。初めはまんじゅう形でやがて平らに開く。ヌメリが多いのが特徴
② 傘の裏面は「黄色」で「スポンジ状」
③ 柄に「つば」があり、つばの下側もヌメヌメする
※イグチという変わった名は「猪口」と書く。まんじゅう形した傘のヘリが反り返り、その様子がイノシシの口の部分を思わせる——という説がある

kinoko

キノコ

ハラタケ目タマバリタケ科

ナラタケ

Armillaria mellea subsp. *nipponica*

発生環境 広葉樹や針葉樹の株元など

収穫 春、秋

利用方法 鍋物、椀物、炒め物、
ソバ・うどんの具など

性質など 木材腐朽菌

🍂 天恵か。はたまた天災か

スーパーからお土産売り場まで、ナラタケはどこでも見かける人気の食材。クセがなく、ウマ味が凝縮されたような味が魅力。

公園や林内を歩けば、樹木の根元あたりからモコモコと泡立つように生えているキノコを見かける。似たものが多くて悩ましいが、右図のほか図鑑などでよく調べてみたい。

この仲間は弱った樹木の傷口にそっと寄り添うや、栄養分の上前をはねつつ、宿主の身体を"分解"して"消化"する。おもにナラ類（コナラ、ミズナラなど）を宿主に選ぶのでその名があるけれど、実際には果樹や野菜にも寄生して分解するので極めて無節操で厄介な"病原菌"として嫌われる。

食べて駆除できるわけではないが、やられっぱなしも口惜しいのでやはり食べる。

🍂 "万能食材"の取り扱い注意

ナラタケのウマ味はあらゆる料理シーンで活躍する。とりわけ広く愛されるのがダシのウマ味。普段の味噌汁に加えるだけでも華やぎが増し、健康的な食欲に拍車がかかる。

一方、盛んに食べられてきたぶん、軽い"中毒"もよく知られるところである。ときに悪心と嘔吐を起こすが、すぐに回復する。

中毒を避ける方法は「よく加熱すること」。汁物、椀物、鍋物など、しっかり加熱する調理法を選べば安心である。

そして「食べすぎない」。おいしいからと何度もおかわりをすると、胃袋が機嫌を悪くし、返品手続き（悪心・嘔吐）を開始する。

胃弱の人、食べ慣れていない人は、柄の部分を落として傘の部分だけを食べるとよい。柄の部分は消化不良を起こしがちである。

ナラタケ
Armillaria mellea subsp. *nipponica*

① 傘は平べったいまんじゅう形。色はクリーム系〜赤褐色。中心部周辺にササクレみたいなちいさな鱗片が集まる
② 傘の裏側は白っぽい「ひだ状」
③ 柄は淡い黄色〜褐色系。柄の上部には白っぽい「つば」がつく
④ 柄の下部は「黒っぽくなる」

傘の部分はヌメリもあり食感もよい。コクのあるダシがでるので鍋物・汁物との相性が抜群。山野で収穫したものはコクが濃厚。

ナラタケモドキ
Desarmillaria tabescens

① 基本的な形状は「ナラタケ」と同様
② 柄に「つば」はない
③ 柄の下部は「黒っぽくなる」

出現率は非常に高く、樹木の株元や切り株のほか、しばしば地面からも生えてくる。
見た目の特徴はナラタケとほぼ一緒だが、「柄につばがない（②）」こと、「夏の終わりによくでること」で区別できる。とても美味なキノコであるが、困ったことにアタる人はアタる（悪心・嘔吐）。しっかり火を通し、少し食べて「様子を見る」とよい。

ワタゲナラタケ
Armillaria lutea

① 傘はまんじゅう形で、やがて平べったく開く。色はピンク〜黄褐色系
② 傘の表面に黄色の毛が木くずのように散らばる
③ 傘の裏側は「黄色」で「ひだ状」
④ 柄の部分に「白いつば」がある（消失しやすい）
⑤ 柄の下部は「黒っぽい」

晩夏〜秋、ナラタケと同じようなエリアに発生。こちらも食用になる。
近年、ナラタケは10種類ほどに分けられるようになった（そのうち3種は未記載種）。

ハラタケ目シメジ科

シャカシメジ

Lyophyllum fumosum

発生環境	コナラ・クヌギ・マツの混生林
収穫	晩夏〜秋
利用方法	和え物、鍋物、椀物、炒め物、パスタ、リゾット、シチューなど
性質など	菌根菌（推定）

見つけて拝み、食べてまた拝む

シメジという名の語源については「占地（地面にびっしりと生える様子から）」、「湿地（湿った場所に多いから）」など諸説ある。シャカシメジの場合、その見た目が「お釈迦様の螺髪（らはつ）を思わせる」という実に明快で愉快な由来である。

秋の山林で、落ち葉の合間から白、あるいはくすんだ灰白色の小型キノコが群舞する。横から拝めば「白いブナシメジ」に見え、不遜にも上から見下ろせば、確かに「ロマンスグレーなお釈迦様のパンチパーマ」である。

ひとたび食べれば歯切れの心地よさと優しい香りに舌鼓。噛むほどにその彩りを増す深い味わいには思わず手をあわせたくなるほど。

収穫時には、キノコが密集しているので（株立ち）、そのままゴボッと収穫でき、よい香りが立つものを選ぶとよい。

① 傘は小型で「白色〜灰白色」。ときにクリーム色が乗ることも。傘のヘリは内向きにカールする
② 傘の裏面も「白〜灰白色」で「ひだ状」
③ 柄も「白〜灰白色」
④ 地面から密生・群舞するように生えてくる

タマチョレイタケ目 所属科未確定

マイタケ

Grifola frondosa

発生環境 コナラ林、ミズナラ林、クリ林

収 穫 晩夏～晩秋

利用方法 鍋物、椀物、炒め物、佃煮、
炊き込みご飯、パスタなど

性質など 白色腐朽菌

いままでのは一体なんだったのか!

そのよく締まった食感といい、めくるめくウマ味の喜びといい、山のマイタケがもたらす味覚の愉悦は格別。栽培品もおいしいけれど、野生の"風格"は天と地ほども違い「本物はこんな味なのか!」と絶句する。

山林でブナ科樹木を見つけたら、その株元や根に目を走らせてみたい。もしかするとクリーム色もしくは黒ずんだ褐色の「群れ」がこんもりと茂っているかも知れない。古来、「見つけた人が喜びのあまり舞い踊る」ので舞茸という名がついたとも（異説あり）。

ところが夏から発生する「白いマイタケ」は食感が悪い。絶品なのは「黒いマイタケ」だが、香りが最高級でもウマ味がうっすらで「さっきまでの喜びはなんだったのか!」としょぼくれることもある。マイタケはアタリハズれが多いことでも有名である。

① 傘の地色は若いころがクリーム系。次第に黒ずんだ赤褐色に変わっていく

② 傘の裏面は「白色」で「細かい穴が密集する」

※巨木に発生しやすい傾向がある。マイタケ狩りはミズナラの巨木に狙いを定めて回ると効率的だが、地形や足場が悪いエリアが多いので気をつけたい

ナメコ

Pholiota microspora

発生環境	半枯れしたコナラ、ミズナラ、ブナのほか、これらの切り株・倒木など
収 穫	秋〜晩秋（〜春）
利用方法	和え物、鍋物、椀物、炒め物、リゾットなど
性質など	木材腐朽菌

🍂 イメージを裏切る"ウマ味"

　ナメコも食べ慣れてきた食材だが、野生種の風味はやはり段違い。ヌメリのぐあいも絶妙で、噛むほどに山の幸らしい野趣がふくらみ非常においしい。

　小型〜中型のキノコで、色は愛らしい赤茶色。うす暗い湿った林内で、半枯れ状態のコナラなどにびっしり生えている。

　全身に粘り気たっぷりのゼラチンをまとい、ツヤツヤしている。ゆえに、かつては"滑らっこ（ヌメらっこ、ナメらっこ）"と呼ばれ、やがてナメコに変化したようだ。

　ゼラチンは傘から柄の根元まで覆っており、全身これヌルヌル。よく似たキノコが多いが、全身のヌメリと柄にゼラチン質の「つば」があるのがポイント。収穫したら、ほかのキノコと一緒にせず、ナメコだけまとめてビニール袋に入れて大事に持ち運ぶとよい。

① 傘の地色は鮮やかな赤茶色。ゼラチンで覆われる

② 傘の裏面は「黄色」で「ひだ状」

③ 柄もゼラチンに覆われ、柄の途中にはゼラチン質の「つば」があるのもよく目立つ特徴

※下ごしらえでは、外側のヌメリは風味の醍醐味だが、ゴミや異物が付着しているので軽く洗い流す。根元の石づき部分は非常に硬いのでカットして捨てる

ハリタケ目タマバリタケ科

スギエダタケ

Strobilurus ohshimae

発生環境 針葉樹林の地面

収 穫 秋〜冬

利用方法 炒め物、鍋物、椀物など。

※柄の部分は食感が硬めものがある。初めは「傘の部分」だけを使うとよい

性質など 腐生菌

🌿 グルメ、あるいはイカもの喰い

スギエダタケ（杉枝茸）は読んで字のごとくスギの枯れ枝に生えてくる種族。林床を覆い尽くすほど積みあがる黒く濡れた落ち葉や枯れ枝は、多くの生き物が分解・消化できず、したいとも思わず、そのまま素通りする。

痩せっぽちのスギエダタケは、この黒くて硬く、いつまでも放置される廃棄物に目をつけた。このキノコは極めて分解が難しいスギの枝葉を、特殊なアイデアと技巧で見事に分解し、土壌に還していく。誰も手をださぬ珍味を愉しむグルメな子であるが、イカもの喰いと紙一重だともいえる。

秋に出現し、初冬まで続く。冬に採れるキノコはめずらしく、収穫にはいささか根気を要するが、クセがなく食べやすい。イカもの喰いのキノコを食べるものは果たしてグルメであるのかどうか。

① 傘の地色は透明感がある乳白色。表面に微毛が見られる

② 傘の裏面も「乳白色」。「ひだ状」になる

③ 柄はオレンジ〜褐色系で「つば」はなく、代わりに「微毛」を生やす

※「柄の部分」を使う場合、炊き込みご飯など長時間の加熱調理をすると食べやすくなる

kinoko

キノコ

ハラタケ目キシメジ科

オオイチョウタケ

Leucopaxillus giganteus

発生環境 スギ林の林内や周辺の地面

収 穫 夏〜秋

利用方法 鍋物、椀物、炒め物、
炊き込みご飯、シチュー、
グラタン、パスタ、ピザなど

性質など 腐生菌(地面)

白銀に輝くグルメなキノコ

なんとなく見覚えがある方も多いだろう。なにしろ身近なスギ林などによくでてくるキノコ。これが非常においしいので、この機会にお見知りおきを。

とにかく大きいキノコで、傘のサイズは直径30cmを超えることもしばしば。表面にはツヤツヤした光沢があり、白銀色のお姿も手伝って「これでもか」とばかりによく目立つ。

決して食欲をソソるお姿ではないのだけれど、その味は豊饒で優しい香味にあふれ、椀物、鍋物、雑炊に加えればまろやかなウマ味を惜しげもなく提供してくれる。食感も歯ざわりのよさがとても心地よい。

和風、洋風、中華、エスニックなどあらゆる調理法によくなじむため、自在なアイデアで食卓を賑わせてみたい。

① 傘の地色は乳白色〜クリーム系。初めはまんじゅう形だが次第に平らに開き、やがて上向きに反り返る

② 傘の裏面も「クリーム系」。「ひだ状」になり、ひだは柄の上部へと流れ込むようにつながる

③ 柄は「白色」

※身近な雑木林では、よく似たツチカブリ(有毒)やケシロハツ(有毒)が出現する。どちらも軽く傷をつけると乳液をだすほか、柄がボソボソと崩れる特徴がある

イグチ目ヌメリイグチ科

アミタケ

Suillus bovinus

発生環境 アカマツ林、クロマツ林

収穫 秋

利用方法 鍋物、碗物、和え物、
パスタの具、シチューなど
※ヌメリと水分含有量が多いため「炒
め料理」には不向きなことが多め

性質など 菌根菌

🌿 今宵、待望のキノコ祭りを

アミタケ（網茸）の名は「傘の裏側の模様」に由来する。

傘の色は黄色から茶色系で、大きさはまちまち。地味な見た目だが、ひとたび傘の裏側を覗けば、まるで打ち寄せる波の泡沫がごとくの模様が浮かぶ。マツ林という環境下で、この美しく彫りあげた"網目"があれば決定的。

クセがないので万人受けする風味。口当たりと歯ざわりが魅力で、洋の東西を問わずさまざまな料理になじむ。加熱するとヌメリがでるほか「グレープ色」に変化する。よく似た別種もあるが、加熱で変色すれば本種で間違いない。

アミタケは群生することが多く、「大収穫」も望める。キノコ狩りを愉しみたい方にはうってつけの逸品で、森の冒険から夕食まで、家族・友人と愉しいひと時を。

① 傘は小型〜中型で「黄色〜褐色」。成熟するにつれて傘のヘリが上に向かって反り返る。湿り気があるとヌメリを帯びる
② 傘の裏面が美しいモザイクのような「網目模様」になるのが大きな特徴。色は「緑がかった黄」
③ 柄は「黄色〜褐色」。つるっとしているがヌメリはない
※傘が開く前の「幼菌」の状態がもっともおいしい

ムラサキアブラシメジモドキ

Cortinarius salor

発生環境 コナラやアカマツ林の混成林

収 穫 夏〜秋

利用方法 酢の物、和え物、鍋物、汁物など

性質など 菌根菌(地面)

奇怪・難解な大所帯ですが

ムラサキアブラシメジモドキが所属する"フウセンタケ属"のメンバー数は世界最大級。あらゆる色と形が混在するため「風船を思わせる姿」をしていなくても風船クラブの会員資格をもっているものが多い。

なかでもムラサキアブラシメジモドキはおいしい会員として有名で、ありがたいことに「独創的な造形美にこだわる種族」でとても見つけやすい。美しいアメジスト色の光沢に満ち、傘が開く前であればルビー色に輝く。傘が紫色で、ヌルヌルしていたら本種の可能性が高い。虫が入りやすいので、傘が開く前のちいさな状態で収穫するとよい。

やや"異質"な見た目であるが、豊かなヌメリを活かした和え物、酢の物がすばらしく、口当たりの心地よさを極限まで愉しむことができる。

① 傘は紫水晶を思わせるアメジスト色でヌメリが多く輝きがある。傘のヘリは内側にカールする

② 傘の裏側は「ひだ状」で「淡い紫〜黄土色」

③ 柄の色も淡いアメジスト系で「茶褐色のつば」がある。柄の全体にヌメリがあるのも大きな特徴

※「紫色した小型のキノコ」のうち「傘と柄の両方にヌメリがある」のが本種の特徴

タマチョレイタケ目マクカワタケ科

ブナハリタケ

Mycoleptodonoides aitchisonii

発生環境 ブナやナラの倒木、枯れ木など

収　穫 晩夏～秋

利用方法 鍋物、汁物、炒め物など

※炊き込みご飯にすると「マツタケ風味」を醸しだすといわれる
※肉質が硬めで消化はよくない。過食は控えたほうがよい

性質など 木材腐朽菌

倒木を飾る白いシャンデリア

　ブナの枯れ木につき、傘の裏面に「針のような突起」を下げるのでその名がある。この派手な雰囲気は針というよりシャンデリアの装飾か、あるいは洞窟の天上からぶら下がる鍾乳石のようでよく目立つ。

　白あるいはクリーム色の傘を扇状に広げ、ブナもしくはナラの倒木や枯れ木に「びっしり」と張りつく。独特の甘い香りがあり、大群となればそばを通るだけでもその存在が知れるほど。

　ひとたび見つければ大収穫が約束されたようなもの。好きなだけ採れる。

　広く食用として愛され、手軽な油炒めやキノコ汁が定番料理。問題があるとすれば「甘い香り」だ。ややキツく、クセがあるので好き嫌いが分かれるところ。ひとたび茹でこぼしてから料理に加えればずっと食べやすくなるのでお試しを。

① 傘は小型～中型で「白～クリーム色」
② 傘の裏面は「傘と同じ色味」。ヒダの部分は針状に長く伸びて派手な「房飾り」のようになる
③ 柄はほぼない
※「マイタケ（P.161）」を探しに行くと本種に出遭う機会も多くなる
※よく似たウスヒラタケ、スギヒラタケには「甘い香りがない」

アンズタケ目アンズタケ科

トキイロラッパタケ

Craterellus lutescens

発生環境	マツ林の地面
収 穫	晩夏〜秋
利用方法	鍋物、椀物、炒め物など
性質など	菌根菌

🦋 競争相手が少ない"狙い目"で

ラッパタケという名は、このキノコを上から見れば「なるほど」。

やわらかく開いた傘は、強風にあおられた傘みたいに上向きにすぼみがち。おのずと中央部がくぼみ、ちいさなラッパ状になる。

トキイロ（朱鷺色）とは、ほんのりとクリーム色が溶けたような優しい桃色のこと。つまりトキイロラッパタケは、その色彩がひときわ美しく、姿もユニークなので覚えやすい。

傘の色味には変化が多く、淡いオレンジっぽいものから、ピンク、ときに白っぽいものまで。しばしば群落となるので、キノコ狩りを愉しみたい人にはうってつけ。

この味を知り、愉しむ人はまだ少ないため、競争相手を気にすることなく「ゆったり気分」で狩りを満喫できる。

🦋 いつもの食事をフレンチに

このキノコ、乾燥させると非常においしくなる。「バターのような香味が立つ」ようになり、フランス料理などで愛用される。おいしいキノコほど短時間で痛んでしまうが、このキノコは長期利用を可能とする優れもの。

散歩の途中でうまく出遭えたなら、いつもの食卓にフレンチのエスプリを添えてみてはいかがだろう。

そっくりなものにアンズタケがある。本種はマツ林のほか雑木林にも出現し、色は鮮やかな黄色〜オレンジ系。「強いアンズの香りがある」のが特徴で、おいしいキノコとして紹介され、広く食べられてきた。ところが近年、本種で中毒する事例が続出しているため、収穫と摂食は避けておくのが無難といえる。おいしいキノコはほかにもたくさん。

トキイロラッパタケ
Craterellus lutescens

① 傘はやや不規則なラッパ形。傘の色は明るいクリーム系〜ピンク系。中央部のくぼみはごく浅い
② 傘の裏面は「ひだ状」だが、ひだは浅くて不明瞭なものが多い。弱めのひだは柄まで続く

マツ林の地面にて時に群落をこさえて出現。全体的にひょろりと優しく立ち上がり、クリーム系や淡いピンク系の「ちいさなラッパ状のキノコ」見つけたら、ひとまず手に取り下段の種族と見分けたい。
鍋物や椀物料理との相性は抜群。

アンズタケ
Cantharellus cibarius

① 傘はやや不規則なラッパ形。傘の色は明るい黄色系。中央部のくぼみは浅い
② 傘の裏面は「浅いひだ状」だが明瞭。ひだは柄の部分まで続く
③ 収穫時に「強いアンズの香り」が立つ

別名ジロールの名で知られ、香りが高くおいしいキノコとして人気を博してきた。マツ林のほかコナラなどが生える雑木林の地面に出現する。トキイロラッパタケとそっくりだが、収穫したときに「アンズの香り」が漂えば本種であろう。この豊かな香り、乾燥させるといっそう高まるからおもしろい。
近年、本種が猛毒アマトキシン類などを"微量に"生産しており、食べると胃腸障害を誘発しやすくなることが判明する。中毒するかどうかは個人差が大きく、個々人の体質や「その日の体調」のほか、調理法、食べた量などに大きく左右される。初めのうちは避けておきたい。

kinoko

キノコ

ヌメリスギタケモドキ

Pholiota cerifera

発生環境 各種広葉樹の樹皮、枯れ木、特に河原のヤナギ類の枯れた部分からよく発生する

収 穫 秋

利用方法 鍋物、椀物、煮物、炒め物
※初心者は「傘」の部分だけを利用するとよい

性質など 木材腐朽菌

ド派手な姿は食べ応えもズッシリ

　まるで大阪のおばちゃん的なヒョウ柄模様か、オカカをふったタコ焼き風にも見える。焼きあがったようなキツネ色した傘には、三角状のササクレがちょんちょんとあしらわれ、非常によく目立つ。さまざまな広葉樹の立ち木や枯れ木から生えてくるが、とりわけ河原や谷筋に多いヤナギ類やハンノキ類の枯れた部分に好んで住みつく。身近な川沿いが狙い目である。

　傘はヌメっとするが、柄にヌメリはない。そっくりなヌメリスギタケは「柄もヌメる」。

　芳醇なウマ味が魅力で、肉厚の傘は食べ応えも抜群。さまざま調理法になじみ、鍋物や煮物にするとコクもでる。柄の部分は硬く消化不良を招きやすい。食べ慣れない人は傘の部分だけを使い、消化能力に自信がある方は柄ごと煮物や炒め料理で愉しんでみたい。

① 傘の地色は黄色〜褐色。ササクレのような突起は大きめで、ヒョウ柄を思わせるほどよく目立つ
② 傘の裏面は「淡い黄色〜黄褐色」。「ひだ状」
③ 柄の上部に「繊維質のつば」があるが脱落しやすい。ヌメリはなく、表面には褐色のウロコのようなデザインを浮かべる
※そっくりな「ヌメリスギタケ」も人気の食用種。傘と柄の両方にヌメリがある

クロカワ

Boletopsis grisea

発生環境 マツ・モミ類の林の地面

収　穫 秋〜晩秋

利用方法 焼き物、酢の物、碗物の具、
炊き込みご飯など

性質など 菌根菌

香味豊かな絶品の珍味

　もしも見つけられたら自慢ができる逸品だ。

　クロカワの名の由来はよくわからぬが、傘の見た目は「黒い皮」を思わせる風合いがある。見栄えは「どうってことない」のだけれど、プロも浮かれて小躍りするほどの美食キノコ。「やや苦味がある」や「強い苦味が」といわれ、焼き料理や酢の物で食べると確かに苦味がある。しかし野草や野菜のクセや苦味に比べたらまるで気にならぬ「可愛いレベル」。

　一方、調味料とあわせて調理すれば苦味はどこへやら。炊き込みご飯にしたり、これでおむすびをこさえれば、コリっと軽やかな歯ざわりと豊かなウマ味がいっぱいに広がりとっても幸せ。キノコが苦手な人でもおいしく食べられてしまう。落ち葉に隠れており、1つ見つけたらかならず周りをよく見てほしい。大収穫も可能。

① 傘の地色は目立たぬ「黒」。初めはまんじゅう形で、老熟すると平べったくペナペナに波打つ
② 傘の裏面は「白」。「微細な針状（スポンジ状にも見える）」となり、これが「柄の上部」まで覆いかぶさるように流れ込む姿が特徴的
③ 柄は「白」で筒状

ハラタケ目ヌメリガサ科

サクラシメジ

Hygrophorus russula

発生環境 コナラ・クヌギなどの広葉樹林

収 穫 晩夏〜秋

利用方法 椀物、炒め物、鍋物など

性質など 菌根菌

🦋 ピンク色の"妖精の輪"

　初心者向きだが上級者も愉しみにしているキノコ。身近な雑木林や山林でよく見つかるほか、大収穫が望める。

　落ち葉が積もった地面から、ほんのりピンク色した可愛いキノコがモコモコと顔をだす。傘はまんじゅう形で、やがて平らに開いていくが、その過程でピンク〜淡い紅色が少しずつ濃くなっていく。このポップな色彩が覚えやすい。

　地面や樹木の根元からポツポツと生えるほか、うまくすれば輪を描くような大群落（菌輪、あるいはフェアリーリング（妖精の輪）と呼ばれるもの）になることがある。

　傷みやすいので、必要量を採ったら満足したい。やや苦味をもつので、ひとたび茹でこぼしてから下味をつけて料理に加えるとよい。

① 傘は小型で「白〜ピンク色」。湿り気を帯びるとヌメリがでる

② 傘の裏面は「ひだ状」で、初めは白色だが次第に「紅色の斑紋」を浮かべるようになる。ひだは柄の上部まで覆いかぶさるように流れる

③ 柄は「白」だが、次第にピンク色を帯びる

④ 地面から密生・群舞するように生えてくる

クリフウセンタケ
（ニセアブラシメジ）

Cortinarius claricolor var. tenuipes

発生環境	コナラ・クヌギなどの広葉樹林
収穫	秋〜晩秋
利用方法	鍋物、椀物、酢の物、うどんの具、パスタの具やソース、炒め物、炊き込みご飯など
性質など	菌根菌

🍂 あらゆる料理でウマ味が開花

　まろやかで豊かな香りと爽快な食感。クセがまるでなく、あらゆる調理によくなじむというバランス感。ひときわ人気が高い逸品である。

　見た目は「よく見る気がする」キノコで、傘の色は黄色〜茶褐色。まとまって生えるので大収穫も期待でき、その日の晩餐は贅沢三昧が約束される。炒め物、大根おろし和え、グラタン、雑炊──好みの料理で自在にアレンジして満喫したい。

　雑木林では落ち葉の下に隠れていることもあり、やや不自然に盛り上がっていたらサッを目を走らせそっと掻き分ける。

　まんじゅう形した黄色い（あるいは茶褐色）キノコがいたら右の特徴を確かめる。

　身近な環境にも出現するので、秋の散歩の大きな愉しみとなろう。

① 傘は「黄色」。初めはまんじゅう形で成熟すると「茶褐色」になり平らに広げる。湿り気を帯びるとヌメリがでる

② 傘の裏面は「白」で「密なひだ状」。成熟するにつれて茶色を帯びる

③ 柄は「白」で、やや黄色や茶色を浮かべる。しばしば腰をくねらすように屈曲することも

※本種を狙う場合はほかの図鑑でも調べておきたい

※よく似たキノコが多い

ラッパタケ目ラッパタケ科

ウスムラサキ
ホウキタケの仲間※

Ramaria fennica ※

発生環境 コナラ・クヌギなどの広葉樹林

収 種 晩夏〜秋

利用方法 椀物、炒め物、鍋物など

性質など 菌根菌

※ 標準和名ならびに学名に関しては
現時点での仮りの扱い。日本産の
ムラサキ色のホウキタケは複数あ
り、いずれも新種

🌿 高貴な色した森のサンゴ

　里山や身近な雑木林では、キノコらしか
らぬ連中もよく見つかる。ホウキタケと呼
ばれる一群は、見た目がカラフルなサンゴ
のよう。種族によって色彩が変わり、どれ
も鮮やか。造形もユニークで美しく、観賞
するだけでも愉しい。

　ウスムラサキホウキタケは、アメジストを
思わせる高貴な色彩をまとい、大型に育
つのでとてもよく目立ち、見つけやすい。

　よく似た仲間も多いが、その多くは赤
系、白系、黄色系で、ここに有毒種も含
まれる。ムラサキ色で「大きい」ものは本
種の仲間で安全。

　ほのかに苦味を帯びることもあるが、
サッと茹でてから炒め物や椀物の具にする
と、クセがなく淡泊な食感で、ほんのりと香
味がふくらみおいしく愉しめる。入門者でも
わかりやすくて手がだしやすいキノコ。

① キノコはサンゴ状。色は「淡いムラサキ」
② 柄のつけ根は「白」で極太

※よく似たムラサキホウキタケは「濃い紫色」だが
　本種の系統は「淡い藤色」になる
※この仲間は老熟すると「灰色」に変色するが、変
　色が始まると種族の特定は非常に難しくなるので
　採集は避けたい

ベニタケ目ベニタケ科

ハツタケ

Lactarius lividatus

発生環境 アカマツやクロマツ林

収 穫 夏〜秋

利用方法 鍋物、椀物、うどんの具、
パスタの具、煮込み料理、
炊き込みご飯など

性質など 菌根菌

グルメなサインは時に毒々しく

　図鑑では「似た毒キノコがない」と案内される。香りの高さとウマ味が抜群のキノコとして有名である。

　ハツタケは、赤茶色した大きめのキノコで、傘の直径は5〜10cmほど。特徴の1つが傘の表面の模様。赤い帯模様がぐるりと幾重にも輪を描く。

　ハツタケかもと思ったら、爪先で軽く傷をつけてみる。赤い乳液がジワッとにじみ、それが毒々しい青や紺色に変化したら間違いない。ハツタケだ。

　老熟したハツタケは全身が青くなるので、この不気味な姿を見たらそこはハツタケの楽園である。近くを探せば収穫期の子がいるやも知れぬ。

　マツ林に多発するので、公園や海浜地帯にお住まいの方はチャンスが多い。

① 傘は「赤茶色」。表面に赤い輪を幾重にも浮かべ中央部がわずかにくぼむ

② 傘の裏面は「黄色〜紅色」で「密なひだ状」。傷をつけると血のように赤い乳液を痛々しい様子でにじませ、やがて毒々しい青緑や紺色に変わる

③ 柄は「赤茶色」でツルっとしている

kinoko

キノコ

175

recipe 山菜・野草の愉しみ方

下ごしらえの基本

山菜・野草は「ていねいな水洗い」と「加熱処理」が基本。汚れや微生物を
除くことができ、食べやすくもなる。サラダや添え物に使う場合も軽く下茹ですると安全。

水を張ったボウルなどで汚
れをていねいに落とす。

ボウルの水を換えて10
分ほど待つ。葉がピンと
したら次へ ※1

沸騰したお湯にひとつまみの塩を入
れ、ザルごと野草を投入する ※2

茹で時間は20秒～数分
ほど。色味の変化や食
感を確かめながら

冷水を張ったボウルにザルごと
入れる。10分ほど落ちつかせる

水気をしっかり
切ってから天ぷら、
炒め物、
お浸しなどに

※1 アクが強いもの（フキ、ヤブカラシなど）は数時間から半日ほど浸けておくとよい。水洗いの後、ナマ
で試食し、自分の味覚で調整するとすばらしい
※2 アクが強いものには重曹をひとつまみ。アクがほとんどないものは、なにも加えずに茹でてもよい

調理の基本

お好みの山菜・野草を収穫できたら、まずは「お浸し」で。そのままの風味を
じっくり味わってみる。自分の身体にあうかどうかや、自分だけのアレンジのアイデアが
次々と湧きやすくなり、とても愉しくなる。 ※1

タチシオデ（P.17）のお浸し。下洗いして塩茹で（40
〜60秒）だけですでに最高においしくなる。

ノカンゾウ（P.36）のお浸し。これも塩茹で（60秒
ほど）でシャキシャキした歯応えと優しい甘味を愉
しめる。

キノコ料理とあわせるポイント ※2

① 食材とする山菜・野草はすべて「下茹でしたもの（左ページの要領）」を使う

② 茹でたのち、冷水で身を締めたものを「食べやすいサイズ」に切り分けておく

③ 料理に加えるのは「仕上げの段階」がよい。とりわけ「色彩や香りがよい野草」は長
く加熱するとせっかくの色香が飛んでしまう

④ キノコとあわせる野草のチョイスは、「ややクセがある（香りが強い。ほろ苦さがある
など）」とあわせるとおいしさが増す。ただし「分量」を控え目にすべき野草もある
（各項目でご案内する）

※1 野生のものは個々人の体質やときどきの体調により「あう、あわない」が変わる。そのものの味やクセを知
ることで、季節の収穫物や調理法を変えることができる
※2 後述の「レシピ」にて使用する場合の基本。一般の野草料理でもこの基本に準じれば大失敗はしない

recipe

愉
し
み
方

recipe 天然キノコの愉しみ方

下ごしらえの基本

キノコ本来のウマ味を逃さぬよう「汚れを取る」、「虫をだす」のが目的。

汚れの掃除

石づきを切り取り枯れ葉や土を指で落とす ※1

ぬるま湯をボウルに入れキノコを沈める。汚れが浮いてくるのをしばし待つ。

汚れたぬるま湯を捨てキノコを取りだす。残っている汚れを流水で洗い流す。

食べやすいサイズに切ったら調理に進む

ザルにあけて水を切る。キノコが痛まないよう優しく水気を切る

 虫だし作業

新しいぬるま湯をボウルにたっぷり入れる。ひとつまみの塩を入れよく溶かしてからキノコを入れる。10〜15分ほどそのままに ※2

> ※1 キノコを「掃除の段階」で細かくカットしてしまうと、せっかくのウマ味が失われてしまう。そのまま処理することでウマ味を多く残すことができる
> ※2 傘の裏側にあるヒダや穴に微細な生物が潜んでいる。「10〜15分」は手軽な処理で、しっかり虫だしするなら「3〜4時間ぐらい」浸けておくとよい

調理の基本

キノコのウマ味を存分に愉しむためのアイデア。

鍋・汁物

鍋に水を張ったらそのままキノコを入れる。水の段階からゆっくり加熱することでウマ味を存分に引きだせる ※1

炒め料理

フライパンでオリーブオイル（またはバター）を加熱し、ニンニク、唐辛子などの香辛料を先に炒める。香りが立ってきたらキノコを投入

保存の基本

「冷凍保存」がもっとも手軽。保存可能な期間は3〜4カ月。

左ページの「下ごしらえ」を終えたキノコを一度茹でる。まず鍋に水を入れ、沸騰させる。それからキノコを丸のまま投入し、1分ほど加熱したらザルにあけて冷やす。

冷えたキノコを食べやすいサイズに切り、だいたい1回分の使用量ごとにジップつきの冷凍用保存袋に入れる。空気をしっかり抜くのがポイント。先ほどの煮汁も一緒に入れるとウマ味や香りもしっかり保存できる。

> ※1 キノコのウマ味は加熱温度60〜80℃でたくさんでてくる。沸騰させずにゆるやかな加熱を続けることで人一倍ウマ味を堪能できる

芳醇贅沢キノコうどん

タマゴタケの濃厚なウマ味とアオミズの
爽やかな風味が互いに引き立てあう絶妙さ。

タマゴタケ（P.154）
アオミズ（P.102）

材料（2人分）

- タマゴタケ……200gほど
- アオミズ……50gほど
- 冷凍うどん……2人前
- だし汁……500cc
- 醤油・みりん……各大さじ2

料理のポイント

● 鍋にだし汁とキノコを入れ沸騰させずに10
　分ほどじっくり煮る。汁が飴色になったら
　刻んだアオミズ、うどんを加え醤油・みり
　んでお好みの味に調える。

豪華マイタケ山野のピッツァ

みんな大好き。マイタケの絶品お手軽ピッツァ。

マイタケ（P.161）
スカシタゴボウ（P.48）

材料（2人分）

- マイタケ……100g
- スカシタゴボウ（葉）……10枚
- ウインナー……2本（お好みで）
- ピザ用チーズ……適量
- 塩・コショウ……適量

料理のポイント

● 下茹でしたマイタケを食パンにのせて軽く
　塩コショウ（お好み量）する。
● チーズ、ウインナー（チョリソーでも美味）
　を乗せたらトースターへ。
● 仕上げに香味豊かなスカシタゴボウの葉
　（下茹で済み）をトッピング。

絶品！アカヤマドリのTKG

贅沢で濃厚なキノコのタマゴかけご飯。

> **アカヤマドリ (P.146)**
> **イヌコウジュの花穂（未掲載）**
> **※ヨメナ類の花びらでも (P.136)**

材料（1人分）

- 傘が開いたアカヤマドリ……1本（100g）
- イヌコウジュの花穂（ヨメナ類の花びら）
  ……ひとつかみほど
- ご飯……180g ／ 生卵……1個
- 食用油……大さじ1 ／ 醤油……小さじ2
- かつおぶし……ひとつかみほど

料理のポイント

- ● アカヤマドリを一口大にカット。鍋に油を引き、中火にしてアカヤマドリがトロトロになるまで炒める。
- ● ご飯のうえにアカヤマドリをのせ、醤油・かつおぶし・生卵・花をのせ豪快に混ぜる。

※ TKG に使うアカヤマドリは傘が開いたものを選ぶとトロ味がほどよくなる

はなびらのポン酢づけ

野の花びら三昧。ポン酢でキュッと締まった味にハナビラたちのふくよかな色香がふくらむ。

> **ハナビラタケ (P.156)**
> **カラムシのつぼみ (P.106)**
> **ミゾソバの花（未掲載）**

材料（2人分）

- ハナビラタケ……200gほど
- カラムシ（つぼみ）……ひとつかみほど
- ミゾソバ（花）……ひとつかみほど
- ポン酢……大さじ2

料理のポイント

- ● ハナビラタケを1分ほど茹で、ザルにあげて冷ます。
- ● ハナビラタケにポン酢をかけ、そこに野草の花びらをたっぷり散らすだけ。

愉しみ方

桜シメジの
爽やか塩スープ

サッパリした塩スープに、キノコのウマ味と
ヤブカンゾウの優しい甘味がマッチ。

サクラシメジ（P.172）
ヤブカンゾウの葉（P.37）

材料（2人分）

- サクラシメジ……2本
- ヤブカンゾウの葉……2〜3枚
- 油あげ……1枚 ／ 酒……大さじ1
- 水……250cc ／ 塩……少々

料理のポイント

● 水を入れた鍋にサクラシメジと調味料を加
え、中火で60〜80℃を目安にゆっくりと煮
る。ヤブカンゾウは一口大に切ったものを仕
上げに入れ、やわらかくなったら火を止める。

豪華キノコのホイル焼き

キノコのウマ味とオニノゲシのほろ苦さが
絶妙でたまらない。簡単でやみつきな逸品。

トキイロラッパタケ（P.168）
シャカシメジ（P.160）
オニノゲシの葉（P.59）

材料（2人分）

- トキイロラッパタケ……100gほど
- シャカシメジ……100gほど
- オニノゲシの葉……2枚程度
- ニンニクすりおろし……お好みの量で
- バター……20gほど ／ 塩・コショウ……少々

料理のポイント

● アルミホイルにキノコと調味料を入れて包み
余熱したオーブン（200℃）で10分ほど焼く。
● あらかじめ40〜60秒ほど塩茹でしたオニ
ノゲシを混ぜるだけ。

キノコとバターの濃厚でまったりした味に野草のほろ
苦さが料理全体を引き締めて美味

ご飯がすすむキノコソテー

シャカシメジとバターの黄金コンビに
風雅で爽やかなセリの香味が
「おかわり！」を誘う。

シャカシメジ（P.160）
セリ（P.30）

材料（2人分）

- シャカシメジ……200gほど
- セリ（若葉）……5〜6本
- 無塩バター……10g
- レモン……1カット
- 塩・コショウ……少々

料理のポイント

- バターを溶かしたフライパンでシャカシメジに塩コショウしてじっくり炒める。
- 火を止め、セリを加え、余熱でサッと炒めることでセリの食感と香気が活きる。

シャカシメジはじっくり炒めるとウマ味が倍増

シンプルゆえに香味、ウマ味、ユニークな食感を丸ごと愉しめる絶妙な一品

ぬるぬる冷やしぶっかけ

ウマ味と香気が満載。舌触りも最高！

アミタケ（P.165）
ハナイグチ（P.157）
ギシギシ（P.76）

材料（2人分）

- アミタケ……100gほど
- ハナイグチ……100gほど
- ギシギシ（新芽）……20本
- ゆでそば……2人前
- そばつゆ……適量

料理のポイント

- キノコは1分ほどサッと下茹で。
- ギシギシも30秒ほど茹で、氷で締めたら包丁で叩いてペースト状にする。
- そばにつゆをかけ、キノコ、ギシギシを乗せたらかつおぶしなどをトッピング。

愉しみ方

至高の香味
キノコチャーハン

香味の爆弾ヤマドリタケモドキ。
爽やかな野草が味と食感を締める
グルメな一品。

ヤマドリタケモドキ (P.148)
セリ (P.30)
ノコンギク (P.137)

材料（2人分）

- ヤマドリタケモドキ……1本（200g）
- セリ（白い根）……10本ほど
- ノコンギク（花・つぼみ）……10個ほど
- 生卵……2個
- ご飯……360g
- ごま油……大さじ4
- 醤油……大さじ2
- おろしニンニク……2片分ほど
- 塩・コショウ……適量

料理のポイント

- 下ごしらえしたヤマドリタケモドキを食べやすいサイズに切り分ける。
- セリの根はよく洗ってからサッと塩茹で。すぐに流水にさらして身を締める。
- ノコンギクの花（つぼみ）もよく洗い、サッと塩茹ですると食べやすい食感に。
- あらかじめ熱しておいたフライパンにごま油を引く。たまご→ご飯→キノコの順に炒めながらよく混ぜる。火加減は「弱火」で。しっかり炒める。
- ほどよくなったらセリの根、ノコンギクを加え、全体になじんできたら火を止める。あとは余熱でよく混ぜながら熱を通すようにする。

野草は加熱がすぎると香りが飛び食感もブカブカになりがち。火を入れすぎないように注意

山の猟師風
ジビエ焼きそば

調理は「いつもの焼きそば」とまったく一緒で「具材」が違うだけ。山の恵みを愉しくも贅沢にアレンジするだけでまったく違う「食べたことがない美味」に驚く。

チチタケ（P.151）
カラムシ（P.106）
ヨモギ（P.38）
ベニバナボロギク（P.138）
イノコヅチ（P.140）
セイヨウタンポポ（P.22）
※野草は2〜3種あればよい

材料（2人分）

- チチタケ……100gほど
- カラムシ（若葉）……5枚ほど
- ヨモギ（若葉）……5枚ほど
- ベニバナボロギク（つぼみ）……5個ほど
- イノコヅチ（結実）……花穂5本分ほど
- セイヨウタンポポ（若葉）……5枚ほど
- 焼きそば（麺）……2人前
- 鹿肉……100g
- 焼きそばソース……付属分（もしくは適量）
- 塩・コショウ……適量

料理のポイント

- ●フライパンに油を引いて肉を炒める。「豚肉」でもおいしいが、ぜひ「鹿肉」もお試しを。
- ●下ごしらえ（洗い、塩茹で）した野草を食べやすいサイズに切りフライパンに加える。いずれの野草も加熱しても香りと食感がしっかり残るタイプをチョイス。
- ●チチタケもまた濃厚なウマ味とぷりぷりした食感が残ってくれるタイプ。下ごしらえのあと食べやすいサイズに切り分けて加え、麺を投入して加熱しながら味つけする。

「焼きそば」に「最適なキノコ」は炒めても食感が残るタイプ

「野草のチョイス」は苦味・酸味・甘味など多彩な特徴をあわせると風味に深みが増す

キノコと野草の涼風前菜

キノコと野草の涼風前菜

こよなく上品で風雅な鉢物をお手軽に。

> クリフウセンタケ（P.173）
> スイバ（P.75）、オオバコ（P.24）
> メマツヨイグサ（P.116）

材料（2人分）

- クリフウセンタケ……5〜6本ほど
- スイバ（葉）……5枚
- オオバコ（葉）……10枚
- メマツヨイグサ（花）……2〜3輪
- 鶏のささみ……100g
- オリーブオイル……少々／塩・コショウ……少々

料理のポイント

- ● キノコとささみは手で裂く。キノコと野草を加えオリーブオイルで和え、塩・コショウで味を整える。30分ほど冷蔵庫で寝かせると味がよく入る。

クリフウセンタケは下茹で1分。野草は下茹で20秒ほど。細かく刻む

キノコのふんわり香味豆腐

まろやかな滋味にあふれた一品。

> ブナハリタケ（P.167）
> ハルジオン（未掲載）
> ※ベニバナボロギク（P.138）でも可

材料（2人分）

- ブナハリタケ……100gほど
- ハルジオン（若葉）……10枚
- 豆腐……1丁／醤油……大さじ2
- みりん……大さじ2／だし汁……400cc

料理のポイント

- ● ブナハリタケは下茹で1分。冷水で締めたら水気を絞る。
- ● 鍋にだし汁、調味料、豆腐とブナハリタケを投入し水分が半量になるまで煮る。
- ● 仕上げにハルジオンを加えて火を止める。室温で1時間寝かせたら完成。

※ハルジオンは1分ほど下茹でして水にさらしておく。春菊風の風味が強いので分量は控え目にするとよい

里山キノコサラダ田園風

風味豊かな絶品サラダで食欲も満開。

ムラサキアブラシメジモドキ（P.166）
スカシタゴボウ（P.48）

材料（2人分）

- ムラサキアブラシメジモドキ……100gほど
- スカシタゴボウ（葉）……10枚
- 生ハム……適量（お好みで）
- オリーブオイル……適量
- レモン汁……少々
- 塩・コショウ……少々
- 粉チーズ……適量（お好みで）

料理のポイント

- キノコは下茹で1分。粗熱をとる。
- スカシタゴボウもサッと湯通し。冷水で締めたら皿に盛りつけ、キノコ、調味料を加え、最後に生ハムをトッピング。

大人の肴・甘酢づけ

ほろ苦いクロカワとピリ辛のヤナギタデをあわせたダンディーでグルメな一品。

クロカワ（P.171）
ヤナギタデ（P.128）

材料（2人分）

- クロカワ……150gほど
- ヤナギタデ……花穂つきの茎葉4〜5本
- 酢・砂糖……各大さじ1 ／ みりん……小さじ1
- 塩……小さじ1/2

料理のポイント

- 沸かしたお湯に洗ったクロカワ（スライスせずそのまま）を入れ、1分ほど茹でる。
- 次に調味料（すべて）を鍋に入れて一度沸騰させてから冷ます。
- スライスしたクロカワと刻んだヤナギタデ（2cmサイズ）を冷えた調味料に10分浸ける。

索引

index

あ

アイタケ	152、153
アイノゲシ	59
アイノコヒルガオ	111
アオカラムシ	107
アオミズ	102、103
アカカタバミ	83
アカザ	98、99
アカネ	142
アカヤマドリ	146、147
アキノノゲシ	95
アケビ	122、123
アサツキ	42
アップルミント	119
アブラナ	56、57
アマドコロ	60、61
アミタケ	165
アメリカオニアザミ	101
アメリカスミレサイシン	73
アメリカセンダングサ	105
アレチギシギシ	77
アンズタケ	169
イタドリ	74
イヌガラシ	49
イヌスギナ	79
イヌタデ	129
イヌナズナ	47
イヌホオズキ	133

イモカタバミ	83
イラクサ	92、93
ウスムラサキホウキタケの仲間	174
ウマノアシガタ	97
ウマノミツバ	33
ウワバミソウ	103
エゾノギシギシ	77
エビヅル	130、131
オオアマナ	45
オオアラセイトウ	55
オオイチョウタケ	164
オオチドメ	115
オオバギボウシ	26、27
オオバコ	24、25
オオバジャノヒゲ	109
オオバタネツケバナ	51
オオバナノセンダングサ	105
オオヨモギ	39
オッタチカタバミ	83
オドリコソウ	63
オニタビラコ	81
オニドコロ	135
オニノゲシ	59
オランダガラシ（クレソン）	52

か

ガーデン・ハックルベリー	132、133
ガガイモ	94
カキドオシ	64
カスマグサ	67
カタバミ	82、83
カナムグラ	127
カラシナ	57
カラムシ	106、107
カワリハツ	153
カンサイタンポポ	23
カントウタンポポ	23
カントウヨメナ	137
キクイモ	141
ギシギシ	76、77
キツネアザミ	101
キツネノボタン類	31
キレハミミイヌガラシ	49
クサフジ	69
クズ	88
クリフウセンタケ（ニセアブラシメジ）	173
クロカワ	171
ケオニノゲシ	59
ケツユクサ	87
ゲンゲ（レンゲ）	70、71
ゲンノショウコ	96、97

コアカザ ……………… 99
ゴウダソウ ……………… 55
コオニタビラコ …… 80、81
コシロノセンダングサ …… 105
コセンダングサ ……104、105
コバイケイソウ ……… 27
コバギボウシ ……………… 27
コヒルガオ ……………… 111
コマツヨイグサ ……… 117
コモチマンネングサ …………91
ゴヨウアケビ ……… 123

さ

サクラシメジ ……………… 172
サルトリイバラ ……………17
シオデ……………… 16、17
シャガ ……………… 37
シャカシメジ ……… 160
ジャノヒゲ ……………108、109
シロザ……………… 99
シロツメクサ …………71
シロバナタンポポ ………… 23
スイセン ……………41
スイバ…………… 75
スカシタゴボウ……… 48、49
スギエダタケ ……… 163
スギナ（つくし）… 78、79
スズメノエンドウ ……… 67
スベリヒユ ……… 89
スミレ …………… 73
セイヨウアブラナ ……… 57
セイヨウオオバコ ………… 25

セイヨウタンポポ群 … 22、23
セイヨウヒルガオ ……… 111
セリ ……………… 30、31

た

ダイモンジソウ……………15
タチギボウシ ……………… 27
タチシオデ ……………… 17
タチツボスミレ ……… 72、73
タチドコロ ……………… 135
タネツケバナ ……… 50、51
タマゴタケ ……… 154、155
タマスダレ ……………41
ダンドボロギク ……… 139
チチタケ ……………… 151
チドメグサ ……… 114、115
ツボクサ ……………… 65
ツボミオオバコ ……… 25
ツユクサ ……………… 86、87
ツリガネニンジン ……… 20
ツルマメ ……………… 124
ツルマンネングサ …… 90、91
ツワブキ ……………… 29
トキイロラッパタケ
……………… 168、169
ドクゼリ……………31
ドクダミ ……………… 34
トリカブトの仲間………… 97

な

ナガイモ ……………… 135
ナガバギシギシ ……… 77

ナガバジャノヒゲ ………109
ナズナ……………… 46、47
ナメコ ……………… 162
ナヨクサフジ ……… 68、69
ナヨクサフジモドキ …… 69
ナラタケ ……… 158、159
ナラタケモドキ ……… 159
ナルコユリ ……………61
ナンテンハギ ……………18
ナンバンカラムシ ……… 107
ニオイタチツボスミレ …… 73
ニシヨモギ ……………… 39
ニセアシベニイグチ ……… 149
ニラ ……………… 44、45
ニリンソウ ……………… 97
ヌメリスギタケモドキ …… 170
ノアザミ ……… 100、101
ノカンゾウ ……… 36、37
ノゲシ ……………… 58、59
ノコンギク ……… 137
ノダケ ……………… 33
ノチドメ ……………… 115
ノハラアザミ ……… 101
ノビル ……………… 40、41
ノブキ ……………… 29
ノブドウ ……… 131
ノボロギク ……… 139

は

バイケイソウ ……… 27
ハイミチヤナギ……………… 113
ハシリドコロ ……… 29

ハタケニラ …………………… 45
ハッカ ……………………… 118、119
ハツタケ …………………… 175
ハナイグチ ………………… 157
ハナニラ …………………… 45
ハナビラタケ ……………… 156
ハマエンドウ ……………… 67
ハマダイコン ……………… 54、55
ハマヒルガオ ……………… 111
ハルタデ …………………… 129
ハルユキノシタ…………… 15
ヒガンバナ ………………… 41
ヒナタノコヅチ …………… 140
ヒメオドリコソウ……… 62、63
ヒメチドメ ………………… 115
ヒメハッカ ………………… 119
ヒルガオ …………………110、111
ビロードクサフジ ………… 69
フキ ………………………… 28、29
フクジュソウ ……………… 29
ブナハリタケ ……………… 167
ペニーロイヤルミント …… 119
ベニテングタケ…………… 155
ベニバナボロギク … 138、139
ペパーミント ……………… 119
ヘラオオバコ ……………… 25
ホウチャクソウ……………61
ホオズキ …………………… 133
ホコガタアカザ…………… 99
ホソバイラクサ …………… 93
ホソミナズナ ……………… 47
ホトケノザ ………………… 63、81

ボントクタデ ……………… 129

ま

マイタケ …………………… 161
マツヨイグサ ……………… 117
マメグンバイナズナ …… 47
マルバツユクサ …………… 87
ミズ ………………………… 103
ミチタネツケバナ ……… 51
ミチバタガラシ…………… 49
ミチヤナギ ………… 112、113
ミツカドネギ ……………… 43
ミツバ ……………………… 32、33
ミツバアケビ ……………… 123
ミミイヌガラシ …………… 49
ミモチスギナ ……………… 79
ミヤマイラクサ…………… 93
ムカゴイラクサ …………… 93
ムラサキアブラシメジモドキ
………………………… 166
ムラサキウマゴヤシ
（アルファルファ）……… 120
ムラサキカタバミ ……… 83
ムラサキツメクサ…………71
ムラサキヤマドリタケ …… 150
メキシコマンネングサ………91
メマツヨイグサ……… 116、117
モミジガサ ………………… 84
モミジバヒメオドリコソウ 63
モモイロシロツメクサ ………71

や

ヤナギタデ ………… 128、129
ヤハズエンドウ………… 66、67
ヤブカラシ ………………… 35
ヤブカンゾウ ……………… 37
ヤブタビラコ………………81
ヤブツルアズキ …………… 126
ヤブマメ …………………… 125
ヤブラン …………………… 109
ヤマドリタケモドキ
………………… 148、149
ヤマノイモ ………… 134、135
ヤマブドウ ………………… 131
ユウガギク ………………… 137
ユキザサ ……………………19
ユキノシタ ………… 14、15
ヨメナ ……………… 136、137
ヨモギ ……………………… 38、39

わ

ワサビ……………………… 53
ワタゲナラタケ…………… 159
ワレモコウ …………………21

参考文献<野草編>

『パートナー生薬学(改訂第4版)』 木内文之・小松かつ子・三巻祥浩／編集 南江堂 2022年

『新訂原色牧野和漢薬草大図鑑』 岡田稔／監修 北隆館 2002年

『食べられる野生植物大事典』 橋本郁三／著 柏書房 2003年

『日本の野菜文化史事典』 青葉 高／著 八坂書房 2013年

『世界薬用植物百科事典』 アンドリュー・シェヴァリエ／著 誠文堂新光社 2000年

『野に咲く花(増補改訂新版)』 門田裕一・林弥栄／監修 山と渓谷社 2015年

『山に咲く花(増補改訂新版)』 門田裕一／監修 畦上能力／編ほか 山と渓谷社 2013年

『日本の帰化植物』 清水建美／編 平凡社 2003年

『神奈川県植物誌2018』 神奈川県植物誌調査会／編 2018年

『増補改訂 日本のスミレ』 いがりまさし／著 2004年

『ヨモギハンドブック』 山下智道／著 文一総合出版 2023年

『帰化&外来植物950種』 森昭彦／著 秀和システム 2020年

『植物和名─学名インデックス YList』http://ylist.info ほか

──学術論文ほか

岩槻秀明「千葉県立関宿城博物館周辺におけるギシギシ雑種群の観察記録」 千葉県立関宿城博物館／編『研究報告』26号 pp.70～75 2022年

岩槻秀明「河川域の「菜の花」再検討」 千葉県立関宿城博物館／編『研究報告』27号 pp.46～51 2023年

杉山一男「万葉時代のグリーンケミストリー2 ─万葉時代の生薬について──」 近畿大学工学部紀要 2019年 ほか

参考文献<キノコ編>

『小学館の図鑑NEOきのこ[改訂版]』 杉本隆／著 小学館 2017年

『ポケット図鑑 新訂 日本のきのこ275』 柳沢まきよし／著 文一総合出版 2022年

『増補改訂新版 山渓カラー名盤 日本のきのこ』 今関六也・大谷吉雄・本郷次雄／著 山と渓谷社 2011年

『山渓フィールドブックス⑩きのこ』 本郷次雄／監修 上田俊穂ほか／解説 伊沢正名／写真 山と渓谷社 1994年

『くらべてわかる きのこ(原寸大)』 大作晃一／写真 吹春俊光／監修 山と渓谷社 2015年

『北陸のきのこ図鑑』 池田良幸／著 橋本確文堂 2005年

『栃木のきのこ新図鑑』 山本航平・大前宗之／著 下野新聞社 2024年

『夢自然きのこ②きのこの目利き』 明光社 1993年

野草やキノコは似た種が非常に多いため、十分な知識が身につくまでは専門のガイドの方などの指導のもと、慎重に採取・調理するようにしてください。自己判断による誤食で起きた事故に関しては、本書ではいっさいの責任を負いかねますので、あらかじめご了承ください。

見つけて食べて愉しむ
身近な野草＆キノコ180種

発行日	2025年4月20日	第1版第1刷

著　者　森　昭彦
　　　　水上　淳平

料理監修　西杉山　裕樹

発行者　斉藤　和邦
発行所　株式会社　秀和システム
　　　　〒135-0016
　　　　東京都江東区東陽2-4-2　新宮ビル2F
　　　　Tel 03-6264-3105（販売）Fax 03-6264-3094
印刷所　株式会社シナノ　　　　　　　　Printed in Japan

ISBN978-4-7980-7284-5 C0545